レコーディング・
ミキシングの全知識

杉山勇司 著
黃大旺 譯

Sound
&music 04

圖解
錄音混音全書

U0031852

器材性能✕基本理論✕實務演示，
從三位一體制高觀點全面解說音樂製作實戰技藝

前言

　　本書的目的，是向那些立志從事錄音工程，或是有興趣研究音樂生產方式的人們提供解說。在此筆者以個人累積的經驗，介紹錄音的現場給平常只能欣賞音樂而不知其他環節的讀者。

　　在音樂形態琳瑯滿目的今日，光是不同的音樂類型，就有各式各樣的錄音方式。本書裡提到的內容，則集中在基本的範例。即使是高超的錄音技術，也必須建立在各式各樣的基本技術上。筆者自己在實際的錄音現場中，也以書中提到的許多基本技術做為繼續作業的架構。

　　本書由「器材篇」、「錄音篇」、「混音篇」三個部分組成，但這三個部分並不表示錄音作業的優先順序。希望各位讀者能記住，對一個錄音工程師而言，每一個部分都不可或缺，錄音工程師的工作中，只要少了其中一個項目，錄音工程師的工作就無法成立。在本書中也會提到，錄音與混音的作業程序其實無法斷然切割。在混音的過程中，與錄音器材相關的應用知識，和錄音其實完全一樣，希望各位讀者記得。

　　此外，本書也推薦讀者各種實驗手法。同時也要提供一點小小建議：當你成為專業錄音師後，就再也沒有練習的機會了。錄音是一種非常花錢的工程，所以在現場沒有任何人會等待你的成長。練習需要的時間，只能靠自己想辦法生出來。

　　成為一個錄音工程師需要的條件，除了過人的感性以外，還包含了基本功累積而成的技藝，只要少了其中一個項目，你就無法成為一位錄音工程師。

　　接下來，就讓我們一起學習身為錄音工程師最基本也最重要的每一個細節吧！

杉山勇司

第1章　器材篇

麥克風

主控台

外接效果器

錄音座

DAW

監聽喇叭

第2章　錄音篇

專業錄音室的特徵

第3章　混音篇

混音概論

必備技巧

編輯技巧

混音的流程

在混音完成之前

專欄

APPENDIX

第 1 章

器 材 篇

錄音工程師的工作，是以技術串接出音樂的過程，必須要具有過人的感性與對各器材的明確知識，才能發揮專長。本章將介紹麥克風、主控台、外接效果器、錄音座等器材的基本操作。

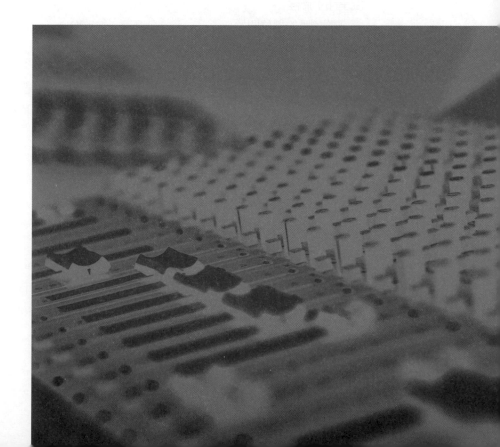

麥克風

　　不知道各位讀者是否也覺得，在各種錄音器材之中，麥克風是大家最熟悉的一種？麥克風簡單說來，就是把聲音（空氣的振動）轉換成電子訊號的工具。所以麥克風可以稱為「所有聲音的入口」（當然在此不包括線路輸入在內），在音樂的製作上扮演著非常重要的角色。尤其在近年進入數位錄音的時代之後，錄音可以在幾近零損失的情形下進入製作的最後程序，從「哪種麥克風」、「怎麼錄製」，則可以想像成左右作品質地好壞的關鍵。

　　扮演著如此重要角色的麥克風，大致可以區分成「動圈式麥克風」、「電容式麥克風」以及「絲帶式麥克風」三種。這些麥克風主要的差異，在於將聲音轉換成電子訊號的形式。在專業錄音現場上，則會因應錄音對象，從許多麥克風裡找出最適合的款式使用。這時候的考量在於①錄音頻寬（音域）的需求，②錄製音量的最大值，還有③是否容易設置共三個項目。下面將依照這三種考量，逐一講解各種麥克風的特性。

▶ 動圈式麥克風

　　在各式各樣的麥克風之中，想必各位讀者最常接觸的，就是動圈式（moving coil）麥克風了。這種麥克風透過「振膜」（diaphragm）捕捉空氣的振動，並透過電磁誘導原理產生電子訊號（**例圖①**）。收音線圈藉由振動接收訊號，算是動態型（dynamic）麥克風的一種。一般常說麥克風在基本構造上與喇叭一樣，功能卻完全相反。

　　就特色而言，動圈式麥克風的構造相當單純，所以通常被認為很

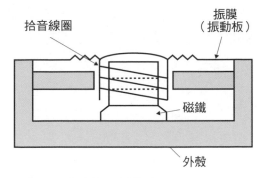

拾音線圈

振膜
（振動板）

磁鐵

外殼

▲例圖① 動圈式麥克風的動態組件構造

「耐用」。如果以最常見的動圈式麥克風 SHURE SM58（**圖片①**）為例，這款麥克風是以「適合一直靠在嘴邊」為前提設計而成。說到這裡，可能有讀者認為「人的聲音又沒有麼大」，但事實上大聲唱歌吶喊的時候，音量與音壓都相當大，如果再把各種吐氣聲（一般稱為「噴麥」popping）算進去，人聲對麥克風而言，可以想見是相當大的負荷。但是 SM58 等麥克風即使一直接近歌手嘴邊，聲音基本上都不會因為唱太大聲而中斷。換言之，就是牢固耐用。

　　由這項特色來看，動圈式麥克風一般被認為是一種用於可能噴麥的人聲，或是瞬間衝擊的低音大鼓，以及戶外的收音等情況的款式。此外，在類似收錄小鼓等用鼓棒打擊的單元時，動圈式也被視為最合適的器材（原因無他：耐用）。有些歌手偏好手持麥克風，錄音工程

◀圖片① 自從 1965 年上市以來，SHURE SM58 不論在現場還是錄音室都廣受愛用。受歡迎的原因，則包括可捕捉人聲的溫暖、高音質與耐久性

師也會提供他們手持用的動圈式麥克風。

動圈式麥克風的另一項特徵也來自它的構造,就是可以收錄的頻率範圍比較窄(**例圖②**)。看起來像是缺點,但事實上在收錄人聲歌唱的時候,未必都需要20Hz至20kHz間完全平坦的頻率響應。高頻很可能只需要有8kHz左右便已足夠,低頻也很可能只需要往下延伸到60Hz即可,不需要更低的頻率。

麥克風的頻率特性上,不可能只收錄特定的頻寬而排除其他範圍外的頻率,所以不管是高頻段還是低頻段,在收錄的時候都會產生一定程度的衰減。由這種特質來判斷,若以後面章節才會介紹到的電容式麥克風來錄製,則需要另外消去不必要的頻段,還不如一開始就用動圈式麥克風。總而言之,不是什麼音色都適合以電容式麥克風錄製,「大的」並不是什麼情況都可以包容「小的」。

接著,簡單介紹工作時常用的幾款動圈式麥克風。如同前面提到,SHURE SM58是我常用在歌唱的麥克風。這種麥克風不論在展演空間還是練團室都很常見,連自家錄音的時候,都是麥克風中的首選。不只人聲,連各種樂器的收音都很好用。在警察樂團(Police)的現場演奏影片裡,就可以看出鼓手史都華・柯普蘭(Steward Copeland)的小鼓以這款SM58來收音。

同一廠牌推出的SM57(**圖片②**)也是業界常用的一款麥克風,

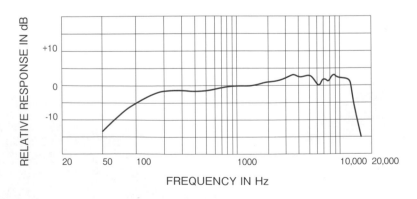

▲**例圖②** 動圈式麥克風的頻率響應特性

外觀看起來不像SM58有頭上一球。這種麥克風也常被應用於現場舞台與錄音室，除了用於歌唱與鼓組，也用於吉他音箱的收音。在吉他收音方面，也養成了許多樂手指定全程以這款麥克風對吉他音箱定點收音（on mic），因為這樣才能得到想要音色。

SENNHEISER MD421（**圖片③**）很久以前就有一個「鯨魚頭」的綽號，也是一款廣受歡迎的麥克風，尤其被使用於鼓組的收音上。這款麥克風抗噴麥的能力很強，通常伸進低音大鼓正面鼓皮的開口，以收錄鼓筒的聲音。略帶過載（overload）的音質，與大鼓鼓槌打在鼓皮上的聲音搭配，可以帶來非常適合搖滾等類型的大鼓音色。

ELECTRO-VOICE RE20（**圖片④**）與MD421一樣，長久以來都是被用於鼓組與吉他的收音。如果不需要 MD421 那麼強烈的大鼓音色質感，這支麥克風可以帶來另一種特別的質感。在貝斯音箱的收音

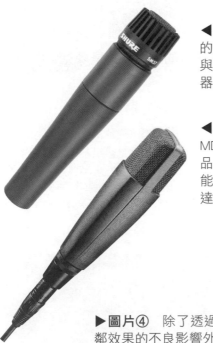

◀圖片② 　與 SM58 同樣於 1965 年上市的 SHURE SM-57。具有溫暖卻清晰的音質與空間感，又以其細長構造，適合用於樂器的錄製

◀圖片③ 　1960 年就上市的 SENNHEISER MD421 也是經常被使用於現場的長青商品。後繼款 MD421 II 則加強了低頻的動能，即使用於數位錄音，也能發揮本領傳達極佳的音質

▶圖片④ 　除了透過 Variable-D 構造避免近鄰效果的不良影響外，也以濾波器過濾掉人聲的噴麥雜音，這些都是 ELECTRO-VOICE RE20 的特色，可如預期達到自然的收音

上，也可以藉由它低頻的特性帶來想要的效果。

　　AKG D112（**圖片⑤**）是一種帶有橢圓形防風罩的麥克風，在所有常用的麥克風裡算是後進機種，常用於低音大鼓、貝斯音箱等需要較長低頻的樂器上。如果低音大鼓的正面鼓皮中間沒有開口，有些鼓手就會直接把整支麥克風放進鼓筒裡收音。

　　最後要介紹的是近年逐漸成為主流的AUDIO-TECHNICA ATM25（**圖片⑥**），最近有愈來愈多的錄音工程師喜歡用來收錄鼓組。在低頻帶的收音上，這款據說擁有比RE20與D112更優秀的表現。

▲**圖片⑤**　不但強調 SPL（音壓電平單位）高達 160dB，振膜部分也調整至更適合用於收錄低頻，在收錄低音大鼓等起奏音較短的低音樂器時，AKG D112 相當有用

▲**圖片⑥**　適合近距離收錄大音壓音源，AUDIO-TECHNICA 的 ATM25。尤其適合收錄低音大鼓，體積小，構造也夠牢固，用起來相當方便

SUMMARY

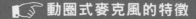👉 **動圈式麥克風的特徵**

　　○牢固好用
　　○可收錄的頻寬比較窄

▶ 電容式麥克風

　　相較於動圈式麥克風，電容式麥克風有更多款式可以收錄所有的頻段。此外，能收錄更細微的聲響，也稱得上這種麥克風的特徵。這些特徵都與電容式麥克風的構造有很大的關係。電容，簡單來說就是容納電流的容器，對電極送出直流電，可以將振膜振動影響產生的電荷變化轉換成電流訊號（**例圖③**）。由於振膜不需要像動圈式麥克風一樣接合在拾音線圈上，才能有更靈敏的感度，以及更平坦、範圍更寬的頻率響應。更由於本麥克風具有增幅電路，輸出的電平才能比動圈式麥克風更大。然而不同款式的電容式麥克風，也有各自的特色，在頻率響應與輸出電平上也各有不同。

　　看起來充滿優點的電容式麥克風，其實多半是不好攜帶的大傢伙，想用的時候未必能用，是使用上的一大難題。例如在錄製鼓組的時候，就會因為各種樂器過於密集，便很難把電容式麥克風架在小鼓旁邊。此外電容式麥克風多為高價品，連錄音室都只會因應需要準備最少的數量。

　　前面提到「對電極送出直流電」，而電流也需要從外部供應。一般從主控台的「仿真電源」（phantom power，又稱幻象電源）或麥

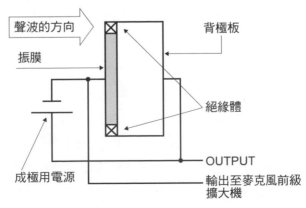

▲**例圖③**　電容式麥克風的操作原理

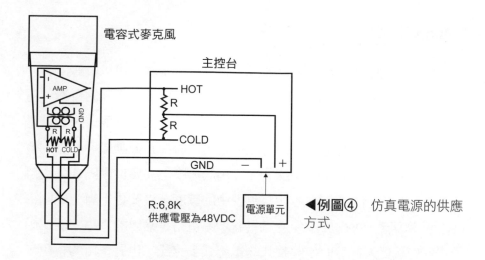

電容式麥克風

主控台

HOT

R

R

COLD

GND ─ ＋

R:6,8K
供應電壓為48VDC

電源單元

◀例圖④　仿真電源的供應
方式

克風專用的前級擴大機，乃至專用電源送電。仿真電源通常又從音訊用的 XLR 線送電給麥克風（**例圖④**）。反過來說，如果錄音環境沒有提供仿真電源，也就無法使用電容式麥克風了。選用合適的麥克風時，就必須考量錄音場地有沒有仿真電源。

　　有關仿真電源開關的時間點，必須嚴格遵守「通電中禁止插拔麥克風線」的規矩。雖然電流量很少不易讓人觸電，對麥克風而言卻是足以造成故障的損害。所以在錄音室工作，務必養成先插線才開啟仿真電源的習慣（同時也要關閉監聽喇叭電源，以免喇叭受損）。電容式麥克風之中也有一部分款式使用真空管，這類麥克風通常帶有高壓電，所以，還是得在電源關閉後稍待片刻才去拔線會比較安全。以前就曾經傳出真空管麥克風電人的事故。

　　電容式麥克風在使用上的另一個難題，就是因為構造太過細緻，以至於不耐震盪。與前面提到的動圈式麥克風相比，正因為要以廣而平坦的頻率響應錄製微小的聲響，而不得不採取與動圈式麥克風相反的脆弱構造。更因如此，電容麥克風不只禁止拋擲，更要嚴防濕氣。當筆者剛踏進業界的時候，師父曾經叫我試著對電容式麥克風呼氣，輕輕呼過這口氣才知道，嘴裡的濕氣足以讓電容式麥克風的薄膜動彈

不得，導致聲音中斷（當然等霧氣散掉以後，振膜恢復運作，聲音就回來了）。

　　同理可證，在收錄呼氣較多的人聲時，電容式麥克風顯然不是一個理想的選擇。在錄製輕柔耳語之類緊靠麥克風的歌唱方式的時候，也要特別留意（第159頁將介紹人聲的各種錄音技巧）。當這些電容式麥克風不使用而放在儲藏室時，也要特別留意濕氣問題。個人擁有的麥克風，可能只能在專用保管箱裡塞一些乾燥劑，專業的錄音室裡則會有一台專用的防潮箱（desiccator）儲藏這些麥克風（**圖片⑦**）。尤其在溼氣重的日本，更要留心保管。

　　在此，也要附帶談談電容式麥克風的脆弱性。這裡先提「鼓組的音壓其實沒有那麼大」，以及「電容式麥克風的最大音壓電平沒有那麼低」兩個觀念。搖滾類曲風的低音大鼓，是把MD421伸進鼓身共鳴空間錄製，才有類似那些曲風的音色。某雜誌曾經刊登過錄音大師休·帕占（Hugh Padgham）把NEUMANN U47FET（**圖片⑧**）架在低音大鼓旁邊的圖片，筆者一時好奇也有樣學樣，結果播放出來真的就是那種聲音。然而許多人都偏好將U47FET用在人聲歌唱的收錄上，一些錄音室也不希望錄音工程師把他們的電容式麥克風架在鼓組

▲圖片⑦　專業錄音室都會用專用防潮櫃調整保管麥克風空間的溼度。對於怕潮濕的電容式麥克風而言，防潮櫃不可或缺。（圖片提供：一口坂錄音室）

▲圖片⑧　1948年上市的真空管麥克風NEUMANN U47。U47FET是本麥克風的FET版本

的前面。然而 Brüel & Kjær（B&K；音樂用麥克風改名 Danish Pro Audio〔DPA〕）的 4003（圖片⑨），SPL 值甚至達到 154dB，拿來收錄低音大鼓一樣沒問題。人聲產生的噴麥的瞬間音壓比鼓更大，濕氣帶來的危害也更嚴重。所以如果能充分掌握每一支麥克風的耐受力，即使用電容式麥克風收錄鼓組也不用擔心。各位讀者應該親自逐一聽過一次，以判斷出每一款麥克風的規格特色。

與前面的動圈式麥克風一樣，這裡筆者也要介紹幾支常用的電容式麥克風。首先 NEUMANN U87（圖片⑩）是絕大多數專業錄音室都會配備的機種，也是許多錄音工程師錄製參考錄音（reference）用的麥克風。U87 也分為 87、87I、87AI 等幾個款式，用於古典音樂錄製、鼓組的置頂（overhead）收音，也偶爾用於吉他音箱的收音。前面提到的 U47FET 是同一公司推出的機種，有許多錄音工程師偏好以這款錄製人聲歌唱與低頻音色。NEUMANN 還有使用真空管的 U47 與 U67，也成為許多錄音室的配備。錄音室裡常常用這種麥克風加錄人聲。

筆者愛用的則是 AKG C12A（圖片⑪），這款真空管麥克風也是

▲圖片⑨　舉世聞名的丹麥名廠 B&K 於 1982 年發表的名器 4006 繼承款 4003。本麥克風為 130V 的高電壓規格，故能兼顧線性的頻率特色，以及 154dB 的 SPL

▲圖片⑩　被用於對各種音源收錄參考錄音的 NEUMANN U87，是同廠商姊妹品 U67 的 FET 版，特色是大振膜。現存款式則是本圖片的 U87AI（1987 年上市）

後來C414的原型。這支麥克風讓我喜歡到拿來收錄貝斯以外的所有
樂器。這支麥克風雖然在頻率響應上具有平坦的曲線，在高頻
（12kHz前後）部分卻有一種特別的音質，讓我愛不釋手。同樣
AKG的C12也以高頻的特色廣受愛用。立體版本C24（**圖片⑫**）則
具備了高階機種的大動態捕捉能力。這些麥克風常常被使用於人聲，
或當成鼓組的置頂收音使用。此外許多錄音室也都配備了AKG的
C414（**圖片⑬**），可以稱為錄音室的標準裝備之一，是與U87相提
並論的參考錄音用麥克風。筆者常用於收錄鼓組裡的中鼓（tom-
tom）。此外，C451（**圖片⑭**）也是許多錄音室的常備器材，連現場

▲**圖片⑪** 1962年上市的AKG
C12A，可說是C414系列的原點。筆
者在錄製人聲時，常常先用本麥克風
試錄。此外也會用於鼓組的環境收音
上，以增加鼓組的臨場感

▲**圖片⑫** AKG C12的立體聲版本
C24。各單體的指向均可特別調整，
也可調整為XY或MS等立體聲收
音。除用於鼓組置頂收音外，也用
於環境收音，甚至會用於單一頻道
的人聲收音，得到極佳效果

▲**圖片⑬** C414有各種款式上的變
化，但1971年上市的C414 Comb
是所有款式的始祖。2004年AKG則
發表了圖片中的C414B-XLS，動態範
圍達到134dB之譜

▲**圖片⑭** 1969年發表的小型電
容式麥克風C451。本機種於一九
九三年停產後，仍廣受各界歡迎，
故2001年又推出了復刻版C451B

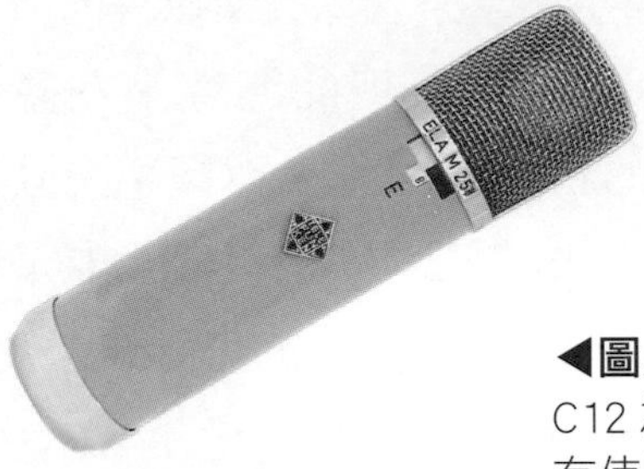

◀圖片⑮　TELEFUNKEN ELA M251是 AKG 以
C12 為基礎代工製造的真空管麥克風。最近也
有使用原廠料件的復刻版，只接受用戶的個別
訂單生產

演出時，也有可能看到這種麥克風架在鼓組正上方或腳踏鈸（hi-
hat）旁邊。為了要強調小鼓底面響弦（snappy）的音色，有時也會
架設在小鼓旁邊。如果同時在小鼓的頂端與底端各架一支 C451，可
以收錄頻率範圍更大的音色，筆者常常用這種設置方式收音。

　　與 C12A 並列筆者愛用麥克風的另一支麥克風，是剛才提到的
B&K 4003。因為這是一種能捕捉大音壓的款式，我們可以將之伸進
大鼓前方鼓皮的開口，也可以收錄電吉他或電貝斯的音箱，並以「最
喜歡的錄音方式」得到最好的效果。

　　另外，日本很少見的 TELEFUNKEN ELA M250／251（圖片⑮）
也是我愛用的麥克風，我甚至為了使用這支麥克風，特地去租配備這
支麥克風的錄音室。該麥克風至今也大受各界歡迎，原款的 ELA
M250／251 更是拍賣市場上最昂貴的麥克風之一。

SUMMARY

☞ 電容式麥克風的特徵

- ○收音頻域寬
- ○輸出電平高
- ○極度不耐潮溼與振動
- ○需要仿真電源驅動

▶ 絲帶式麥克風

前面提到的動圈式麥克風之中，還有一種動圈以外的形態叫做絲帶式麥克風。

絲帶式麥克風屬於歷史較悠久的種類，藉由固定在磁鐵間的絲帶狀金屬振動帶，接收空氣的振動產生電流訊號（**例圖⑤**）。這一小截像絲帶一樣的金屬箔片對聲音非常敏感，一般頻率響應範圍都很廣。這種麥克風又被稱為壓力傾度（velocity；感速式）麥克風，很早就被運用於起奏（attack）時間較短的日本傳統樂器（日本箏或三味線）收音上。

但是也由於這種麥克風在構造上非常害怕噴麥，金屬絲帶非常容易被摔斷，所以搬運上也要非常謹慎。因為製造流程繁複，一度在錄音現場銷聲匿跡，但最近不只有幾款名機復刻，包括 AUDIO-TECHNICA 在內的各家公司，也推出了新型的絲帶式麥克風。例如 AUDIO-TECHNICA AT4081（**圖片⑯**）就是側面收音式（side address）的小型款，特色是便於攜帶與裝設。

代表性的絲帶式麥克風，則是一九四〇年代活躍的經典款式 RCA 77DX，也出現在許多當年樂團或歌手的專輯唱片封面。同廠牌

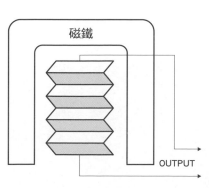

▲**例圖⑤** 絲帶型麥克風的構造

▲**圖片⑯** AUDIO-TECHNICA AT4081 是具有 150dB SPL 值的新世代絲帶式麥克風。透過仿真電源，具有優異的訊噪比表現與低阻抗的穩定輸出

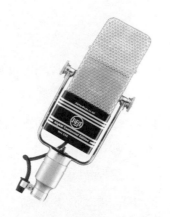 

▲圖片⑰ 使用 RCA 44BX 原廠絲帶（停產後庫存）的 AEA R44CNE。AEA 是一家位於美國加州的公司，也製造另一款絲帶式麥克風 R84

▲圖片⑱ ROYER R-121 是該公司的旗艦款式，本款具有 135dB 的最大音壓負荷度。同公司使用仿真電源的 R-122，也與 R-121 一樣具有 135dB 的音壓負荷度

推出的 44BX 也常常出現在歷史圖片裡，美國的 AEA 則推出此款式的復刻版（**圖片⑰**）。ROYER R-121 也是同樣知名的機種，也推出了復刻版本（**圖片⑱**）。

　　筆者收藏的 BEYER DYNAMIC M500N 是一種手持款式，常常應用於日本女子樂團 Nav Katze 的現場上。事實上，我當初是看到歌手菲爾‧柯林斯（Phil Collins）使用才跟進的，這款麥克風在高頻收音的表現上，具有動圈式麥克風無法比擬的優越表現，才會成為我的愛機之一。

SUMMARY

☞ **絲帶式麥克風的特徵**

○可收錄的頻率響應範圍比較大

○不耐噴麥

○新款式不斷推出

▶ **麥克風的功能**

前面已經大致介紹了麥克風的種類與特徵，接著我們要來看麥克風的功能。麥克風的主要功能當然是「把聲音訊號變成電流訊號」，但除此之外，麥克風也有各式各樣的功能屬性。在專業的領域，就是透過麥克風的不同功能屬性的結合，進行錄音的作業。

■ **指向性**

指向性指的是麥克風開口的感度。一支麥克風可能只有正面開口的感度高，也可能每一面的感度都高，有各種不同的指向性。有的麥克風也可以照需求切換指向性。指向性一般分為單一指向性（cardioid；心型）、雙指向性（figure-8；八字型）、無指向性（omnidirectional；又稱全指向性）三大類，以下依序說明。

①**單一指向性**

單一指向性的麥克風的正面開口收最多聲音，背面幾乎不收音（**例圖⑥左**）。這種指向性的優勢在於，在合奏中多種樂器裡可以只收錄單一樂器。以單一指向性麥克風收音稱為「遮蓋雜音」，可以有效防止錄進其他樂器聲音或房間的殘響。單一指向性麥克風還有一種

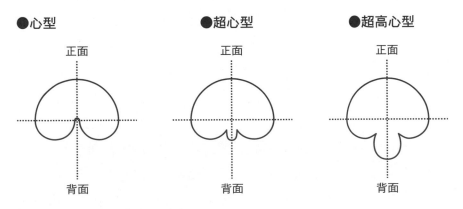

▲ **例圖⑥**　單一指向性的三種樣式

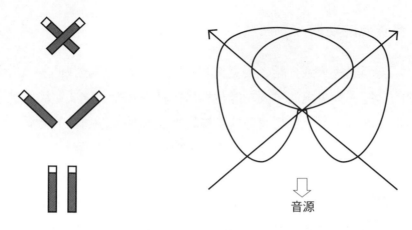

音源

▲例圖⑦　立體麥克風收音的三種方式　　▲例圖⑧　表現立體音場感的收音方式

更強調特性的超心型（super-cardioid；**例圖⑥中**），以及再強調指向中心的超高心型（hyper-cardioid；**例圖⑥右**）。這種指向性可以解釋成透過減少側面的指向性，讓聲音在收錄時減少不必要的折射。

在使用兩支單一指向麥克風進行立體收音時，基本上可以採取下列三種方式：兩支麥克風交叉、外八字形張開，以及平行架設（**例圖⑦**）。交叉法的不同點，在於麥克風的間距會影響立體感，平行法則可以避免音場中間出現空洞。在想收錄極小音源的立體感時，也可能會把音源擺在交叉麥克風的尾端（**例圖⑧**）。如果音源比較小，很容易因為前述的雜音遮蓋作用，而無法從麥克風擺位的調整形成立體聲效果，但我們還是可以利用心型麥克風中指向性較弱的背面，製造出音場的間隔。這是我師父教的祕技之一，也是專業錄音工程師想露兩手時才會用的招式。

②雙指向性

有人稱之為兩指向性，基本上就是麥克風正面與背面感度相等的性質（**例圖⑨**）。最常用於兩位歌手「不論如何都想要一起唱」的情況，並將麥克風放在中間，兩人對著麥克風唱歌。另一種特別用例是以 MS（middle-side）方式收錄立體聲。這種時候我們用單一指向性

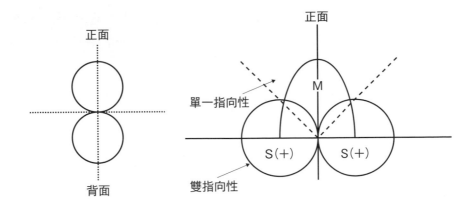

▲**例圖⑨** 雙指向性樣式示意圖 　▲**例圖⑩** MS 收音的原理

的麥克風收錄前面的聲音，呈九十度交角擺設的雙指向麥克風收錄其他聲音（**例圖⑩**）。兩支麥克風的輸出再透過矩陣電路分離出 LR 訊號，相較於以兩支麥克風交叉擺置，能有效減少音場中間的空洞，變換為單聲道檔案的時候，電平也不會差太多，有助於控制立體錄音的音像。

　　絲帶式麥克風基本上都是雙指向性。

③無指向性

　　這是一種對所有方向都具有相同感度的特性（**例圖⑪**），筆者自己偏好使用無指向性麥克風收音。唯獨挑戰無指向性麥克風錄音，還

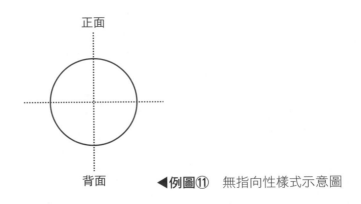

◀**例圖⑪** 無指向性樣式示意圖

是需要幾分膽識。有人一定會質疑：「這種錄法不會錄不出厚度嗎？」甚至也可能有人會說：「既然是無指向性，擺在哪裡都沒有差吧？」

事實上並非如此。如果你用「自己的耳朵」去聽各種樂器的音色，一定可以在一些位置找到「聲音焦點的聚集處」。在這個範圍內，不只聲音恰到好處，樂器的起奏音也顆粒分明。一個空間裡可以找出好幾個聲音聚焦的點。如果在這些位置安裝無指向性麥克風，就可以充分收錄到想要的聲音。樂器的聲音會傳達到房間的每一個角落，所以近距離收音不一定都有效。筆者的師父曾經要求我「用遠距離收音錄出近距離收音的質感」，也得靠找出聚集處收音才能辦到。

④指向性與頻率特性

麥克風有各式各樣的指向性，但是指向性也會影響音質（頻率響應特性），這點千萬要記住（**例圖⑫**）。同樣的頻率不可能改變指向性，但反過來想，一個錄音工程師也必須有從頻率響應特性變化，找出適用麥克風的功力。

例如，用單一指向性麥克風收音卻錄不出好結果的情況，換麥克風是一種方法，但是改變麥克風的指向性，來改變頻率響應特性也是一種選擇。所以才更應該記住各種麥克風在指向性與頻率響應特性上

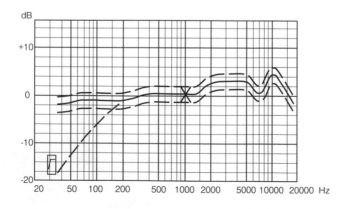

▲**例圖⑫**　不同的指向性具有不同的頻率特性（示意圖）

的不同。

　　此外，切換麥克風指向性的時候，理論上可以不用拔線（即使不關閉仿真電源），但切換同時還是會產生瞬間突波，必須先把監聽喇叭調成靜音再行切換。否則不僅監聽喇叭會聽到突波，連戴耳機的樂手都會被突如其來的噪音嚇到，此點不得不留意。

■ 近鄰效應

　　在使用單一指向性麥克風時，會因為麥克風的指向性與頻率響應特性而產生所謂的「近鄰效應」，指的就是當麥克風接近音源的時候，低頻被凸顯的現象。使用 SM58 時，如果把麥克風頭湊近嘴邊，低音域被強調出來，可以收到理想的音質。換個角度想，收音點離嘴巴太遠，低頻就容易不足。一般而言，搖滾類型音樂的電吉他音箱如果以動圈式麥克風收音，通常就會善用麥克風的近鄰效應。

　　此外，慣用 SM58 的歌手，拿到電容式麥克風也會想靠近收音口唱歌，有時也會產生不必要的近鄰效果。這時候就必須將歌手用的電容式麥克風換成無指向性，以避免產生近鄰效應。

■ 衰減開關

　　敏感的電容式麥克風，收錄大音量音源容易造成輸入過載，讓麥克風線路產生失真。有些麥克風因此備有衰減開關。以 U87 而言，就具備 -10dB 切換開關，C414 則有 -10dB 與 -20dB 兩種音量切換。

　　使用麥克風上的音量衰減開關，可以用來收錄音量過大容易失真的音源。如果衰減到 -20dB 還是會失真，最好放棄使用那一支麥克風。大音量的音源，不用多想直接用動圈式麥克風就是了。

　　不過我們在使用衰減開關的時候，還是得先清楚衰減開關經過的電路種類，以及音色上的變化。錄音不產生失真固然重要，衰減開關的目的主要就是避免失真。但是如果衰減開關會改變音色，啟動衰減未必能得到好的音色。能使用最大輸入音量較高的麥克風，還是比較

好的辦法。

■ 濾波器

　　為了防止噴麥等不必要的低頻，有的麥克風具備了阻斷低頻的高通式濾波器（low-cut／hi-pass filter）開關。高通式濾波器可以減低一定頻段以下的訊號感度，以便得到更清楚的聲音。依照款式規格不同，可以切換 75Hz 或 150Hz 的分頻點，依照使用需要找出要減低的頻段。但是高通式濾波器多半配備在外接效果器的麥克風前級，或是主控台的各音頻，未必用得到麥克風內建的元件。

▶ 麥克風的實際選用法

　　既然麥克風具有各種形態與功能，在現場的運用上一定有選擇上的煩惱。後面將於第 123 頁起介紹各種樂器的收音方式，在此要先介紹麥克風的選用考慮。

　　一開始要先說明的是，有機會為別人錄音，一開始還是會先用錄音室裡的麥克風，逐一確定麥克風的特性。因為不同麥克風有不同的特性，只要能記住這些特性，將來必能發揮功效。以各種方式建立「自己錄出來的音色」，形成明確的個人語彙，是相當重要的一環。

　　聽別人說「這支麥克風收高頻的能力很強」以為操作很容易，但是同樣的麥克風到了自己的手上，是否也能錄出高頻的特色，則必須先試出自己也能具體說明的結果。此外，如果在專業雜誌上的訪談看到「這張專輯是用這支麥克風錄的」之類的經驗描述，實際去聆聽那些被提到的專輯，累積自己的知識庫，也能增進自己的實戰力。在各種摸索的過程中，一定可以找出自己的「參考用麥克風」。

　　前面已經提過，現今的錄音室裡有許多錄音工程師都將 U87 當做對照用的參考麥克風，筆者慣用的則是 C12A 與 4003 兩款。如果有這兩支麥克風，我幾乎可以錄製所有的音源。

　　那麼筆者又為什麼偏好這兩支麥克風？因為這兩支麥克風都具有「忠實捕捉所有聲音」的共同特徵。假如把 4003 放在離吉他音箱有一點遠的位置，就可以在收音不失真的情形下，錄出吉他手位置聽到的音色。C12A 在高頻上也有自己的特色，而在錄製時，其他頻段卻都能保持平坦的頻率響應特性，所以我也相當器重這一款麥克風。

　　換句話說，「參考用麥克風」就是一種達到「一定基準」的錄音器材。對筆者而言，「能仔細收錄發出來的聲音」就是判斷的標準，只要擺出這支麥克風，就不用擔心其他問題。在錄音的時候就可以專注於捕捉演奏者的表現。要強調各種音色的特質，到了混音作業再煩心即可。

　　不過對歌者而言，麥克風也會影響錄音的表現，例如在試過幾種麥克風之後，讓他們自己找出「最適合我的麥克風」，事實上也會帶來好的成果。現場依照案例有各式各樣的情形，參考用麥克風最好具有平坦的頻率響應特性。

　　其實麥克風也有各種不同音質特性，透過收音位置、麥克風指向性、是否啟動音量衰減，都會影響收音的音質，是一種非常纖細的錄音器材，可以說是「牽一髮而動全身」。所以當我們在選擇麥克風的時候，就應該要思考如何謹慎地挑選「音樂的入口」。

主控台

麥克風收錄的聲音，都會進入主控台（console）。主控台大部分由混音器（mixer）構成，在英語圈多半稱為「board」或「desk」，連日本也直接稱為「卓（高腳桌）」。主控台上滿是音量推桿，對部分人而言已經是錄音室的第一個印象。

尤其是 SSL 等品牌的大型主控台，第一次使用時必定會感到驚訝。只要記住基本的操作機制與主要功能，使用上其實意外地簡單。樂手常常跑來誇獎我們：「一個人可以操作這麼大的機器，好厲害喔！」即使是九十六頻道的大型主控台，每一個頻道的功能在基本上其實都一樣。說得極端一點，只要牢牢記住一個頻道的功能，剩下的操作都是基本功能的應用。九十六組不同訊號聽起來確實很不得了，但如果想像它們只是九十六個一模一樣的頻道單元，就比較不覺得麻煩了。下面將以「主控台的功能」為中心說明。

類比機械式的混音台近年來愈來愈少被使用，但為了能隨心所欲操控 DAW（數位音訊工作站）的混音單元，還是希望各位讀者詳讀本節。

▶ 錄音室的系統設置

從訊號的通過順序去推算，一般錄音室的線路順序就像下一頁**例圖①**一樣，照著麥克風→主控台→MTR（多軌錄音座）的順序進行。麥克風的訊號透過前級擴大機增幅，以合適的輸入電平記錄在錄音座的記憶媒介上。另一種連接順序是 MTR→主控台，與前述順序相反，則是播放已錄進 MTR 的聲音用的線路配置。在進行多軌疊錄

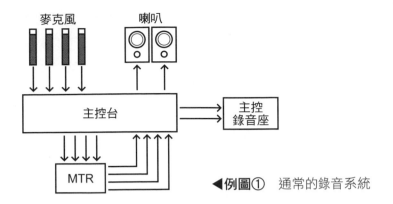

麥克風　　　喇叭

主控台 → 主控錄音座

MTR

◀**例圖①**　通常的錄音系統

（overdubbing）的時候，會經由後者的順序回送錄音到監聽喇叭，混音為成品的時候，再透過混音台整體調整的音量錄進主聲道錄音座。

　　換言之，各位可以把主控台的功能想成：①增幅麥克風等訊號源、②決定訊號的去處。只要記住這兩種基本功能，面對再大的主控台都不用怕。

　　為了要簡化訊號經過的路線，有的錄音會直接通過（即不使用）主控台（**例圖②**）。因為主控台要把各種訊號送到不同目的地，線路的接點端子就會變多，音質上未必能保持一定品質。所以在錄音的時候務必善用麥克風→麥克風前級→MTR 這種簡單的配置，進入混音工程與成品混音的製作流程，才使用主控台，對於音質的保存比較有利。

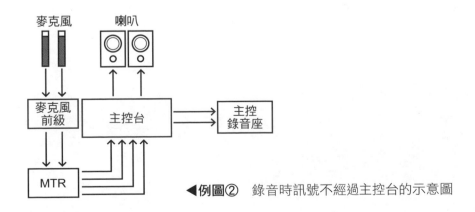

麥克風　　喇叭

麥克風前級　　主控台 → 主控錄音座

MTR

◀**例圖②**　錄音時訊號不經過主控台的示意圖

另一種情形是在使用 DAW 時完全不使用主控台，而是活用 DAW 內建的混音器做為日常的例行作業。從事錄音工程沒有一定要動用主控台的道理，但是自主作業的過程中，還是會因專案需求不同而回頭動用主控台的情形。或是有時因喜歡某些麥克風前級的聲音特色，而產生了「想用那種主控台」的念頭。用或不用主控台，或是要用哪一種主控台，都會依照錄音室演奏形態不同，形成不同的需求。能夠依照不同功能或音色上的特質，找出最適合的選項，可說是錄音工程師的功力之一。

在我們記得這些觀念之後，再繼續說明主控台的進階功能。

SUMMARY

☞ **主控台的功能**

○ 增幅訊號
○ 決定訊號的目的地

▶ 主控台的輸入單元

專業用的主控台，每一個頻道通常為麥克風輸入與線路訊號分別設置獨立的端子，通常標記為「MIC IN」與「LINE IN」（**圖片①**），

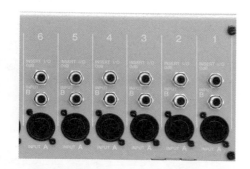

◀**圖片①**　主控台的輸入端子，包括各頻道獨立的 XLR INPUT A（MIC IN），以及使用耳機端子的 INPUT B（LINE IN）。各頻道最上端的則是 INSERT I／O（插點）

並且具有個別的麥克風用或線路用擴大機，以增幅輸入的訊號。

　　增幅程度的調整均由增益（GAIN）旋鈕調整，增益太大將導致訊號失真，必須特別留意。如果麥克風的增益調到最小還是失真，則必須加上前面第25頁提到的衰減開關，便能有效降低輸入電平。除了增益與衰減，輸入單元通常還備有送電給電容式麥克風的仿真電源開關，以及反轉訊號相位的相位反轉開關（**圖片②**。關於相位，將在後面第117頁介紹）。

　　現在讓我們再回頭看**圖片①**，輸入主控台的訊號除了樂器與麥克風以外，還有監聽用的MTR播放內容。那麼MTR輸出的訊號，又如何送回主控台呢？依照訊號接收的方式，主控台又可以分為兩大類（**例圖③**）。其一稱做分離式主控台（split console），將麥克風與線路輸入的部分定出明顯的區隔，當成不同的區段處理。所以混音要使用的頻道數愈多，需要的空間愈寬，大型化可說是一大特徵。但主控台體積愈大，也就象徵愈難操作，甚至找不到合適的空間安裝。

　　為了解決空間的難題，便出現了「直列式主控台」（inline console），將樂器或麥克風的輸入單元與監聽訊號的輸入單元都收進一個模組裡。如此一來，即使頻道再多也不會往左右擴張，在操作上也可更加簡便（唯獨上下長度會變長）。同時送到控制監聽用的區

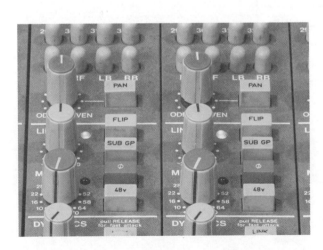

◀圖片②　主控台的輸入部分局部特寫，「ø」開關反轉頻道的相位，「48V」則是仿真電源的開關

段，不一定要從 MTR 送訊號，也可以直接從外接效果器或麥克風前級的訊號直接傳送，如果想增加需要同時處理的頻道數量，就會用到這種主控台。並列式主控台其實也用一樣的形式，樂器輸入也常常使用控制監聽用的區段。只要能找到合適的輸入電平，就不會有太大問題。

從歷史來看，曾經有 8-in／2-out 的簡單控台，也有方便監聽的並列式主控台，更有省空間的直列式主控台。後來也出現了以數位演算處理訊號的數位式混音台。不過我們也要記得：即使規格上不斷進化，基本的原理還是沒有變過。如同前面所說，增幅訊號以及決定訊號的目的地，就是主控台的基本觀念。

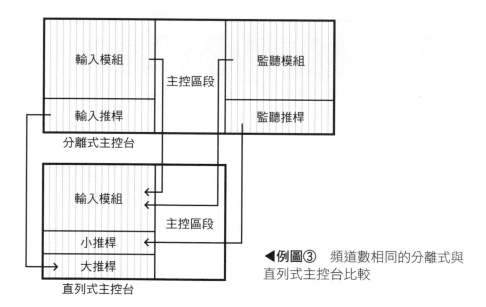

◀例圖③　頻道數相同的分離式與直列式主控台比較

▶ 主控台的輸出單元

進入主控台的訊號接著會進入具備等化器（equalizer；EQ）、濾波器、壓縮器等單元的EQ／動態區段。如果只透過增益調整輸入電平，當電平高低變動大，或摻雜不需要的頻段，就會帶來困擾，所以就在這個區段裡控制音頻的動態範圍，並阻斷多餘的低頻。後面在「外接效果器」的章節（第39頁）將詳盡介紹等化器與壓縮器單元，在這裡我們得先記住錄音的同時也要先處理這一個環節。

這裡我們回頭想想主控台的第二個功能「②決定訊號的去處」：輸入主控台的音訊不論如何都要輸出到控台外面，控台的最大特徵就是可以選擇不同的輸出目標。最常見的訊號傳輸路徑是將經過EQ／動態區段處理的訊號，通過推桿控制音量送至主聲道輸出，但事實上每一個階段都設有擷取訊號用的節點。性能愈強的主控台就有愈自由的訊號路徑，下圖則是最具代表性的「擷取用節點」。

■ 插入點

插入點（insert point）指的是在麥克風前級之後，EQ／動態區段前後的訊號擷取點（**例圖④**），訊號進入插入點後，可以透過外接效

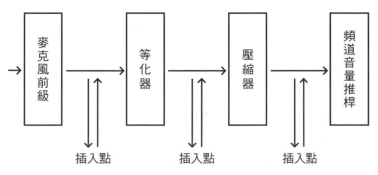

※許多機種都可以更動等化器與壓縮器的順序。

▲**例圖④** 主控台插入點的配備示意圖

果器回到主控台的同一頻道。在使用個別輸入頻道未搭載 EQ／動態區段的主控台時，可以從插入點外接等化器或壓縮器，即使主控台內建 EQ／動態區段，也可以取代內建或外掛使用。有時候甚至可以直接將外接麥克風前級或錄音座的輸出，透過插入點的倒送（return）輸入音訊至主控台。

■ AUX

輔助（auxiliary）線路又被稱為效果輸出（effect send）、監聽輸出（monitor send）、提示輸出（cue send），指的都是同一個節點。基本上提供如殘響、延遲等外接效果器或監聽混音器（cue box）使用，實際上有更多使用方式。

擷取訊號的節點，又可以從各頻道的音量推桿前（pre-fader）或推桿後（post-fader）去選擇（**例圖⑤**）。例如有一個訊號在頻道音量推桿前送進 AUX，如果把推桿拉小，訊號就不會送往主聲道，音訊只會從 AUX 出來。當曲子當中的推桿刻度變動，接收推桿前訊號的外接線路訊號，將不會受到推桿調整的影響，一直保持 AUX 的音量。

在輸出到殘響效果器的時候，通常會使用推桿後電平，但是如果想在推桿拉小後還能聽到殘響，還是建議從推桿前就送。此外，以推桿前電平送訊號給殘響，可以模仿出殘響度變化的效果。將頻道音量

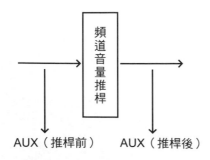

※訊號於推桿前送到 AUX，則成為無關頻道
　音量推桿位置的訊號量
※訊號於推桿後送到 AUX，則與音量推桿位
　置成正比

▲**例圖⑤**　主控台的 AUX 訊號可選擇是否經過推桿

推桿推高，可以相對減少殘響，可為人聲之類的音軌帶來一種「站在前面賣力唱歌」的臨場感。

　　只要能達到「需求的質感」，不管將訊號送往哪裡其實都是對的。有時候不小心送錯路徑，反而會有意想不到的效果，所以建議不必怕麻煩，多多嘗試各種可能的輸出方式。

■ 匯流排

　　匯流排（bus）基本上可以想成是輸出到 MTR 各音軌的訊號。在 DAW 普及之後，一般可能很難想像，以前在類比多軌錄音時代，要錄製四十八音軌的時候，就需要四十八組個別輸出。匯流排就是輸出的切換口。但有時候也不會直接送到錄音座，而是送到外接效果器，這種訊號路徑則與現在相同。基本的匯流排處理的，就是透過音量推桿後的訊號。

　　使用匯流排可以統一處理頻道數較多的樂器，或是處理鼓組等的立體聲頻道組，並對頻道群組全體加上動態或 EQ 等效果（**例圖⑥**）。

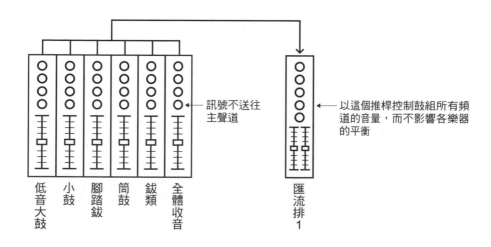

訊號不送往主聲道

以這個推桿控制鼓組所有頻道的音量，而不影響各樂器的平衡

低音大鼓　小鼓　腳踏鈸　筒鼓　鈸類　全體收音　匯流排1

▲**例圖⑥**　匯流排使用示意圖

然而訊號路徑的選擇愈自由，愈要小心訊號的回授（feedback）。當訊號繞一圈回到原來的點，產生的音頻回授可能燒壞監聽喇叭。這是非常可能發生的危險，所以在設定訊號通路的時候務必格外小心。

▶ 主控台的其他功能

透過上面的介紹，我想各位讀者已經可以大致了解，主控台的功能，就是決定輸入訊號目的地。此外，主控台還有幾個重要的功能，本節就來一一介紹。

■ 音量定位

在立體聲錄音成為主流的現在，通常在L（左聲道）與R（右聲道）之間決定的音像定位。這時候以「音量定位（pan pot）」旋鈕調整位置，往左轉到底只有L頻道發出聲音，往右轉到底則只有R聲道發出聲音（圖片③）。定位調整至中央時，左右聲道音量相同。簡言之，立體感就是L與R的音量差。有些機種的立體聲頻道，可以保持原有的聲音定位左右移動，也可以設定為只偏一邊或左右反轉。

◀圖片③　主控台的音量定位元件，周圍標記 LCR 字母的就是定位旋鈕（C 是中線），SOLO 與 CUT 分別是獨奏與靜音的開關鈕

■ 獨奏／靜音

顧名思義，「獨奏」就是獨立出所選頻道音訊的開關。尤其在混音程序裡，想要個別監聽樂器收音用麥克風是否有雜音時就可派上用場。「靜音」則是關閉所選頻道音訊的開關。例如伴奏和聲組之類的頻道，在沒有唱歌時，底噪（floor noise）就會特別引人注意；這時候如能善用靜音開關，即可以防止錄進不必要的噪音。

此外，像是嘻哈（hip-hop）之類的舞曲，在曲目編排上也經常使用靜音開關。從編曲工作區來看，通常會有超過十個伴奏音軌同時播放，但大部分音軌都被靜音，只有在需要的時候才會解除靜音播放。過去這類靜音與解除的流程都必須以手動開關進行，稱得上是積極使用主控台的範例。這種中斷、繼續樂器演奏音訊的手法，用於疊錄的混音作業上，可以形成有別於現場演奏休止與恢復演奏的效果。

■ 自動混音

數位主控台已經可以達到完全自動化，現在的專業用類比主控台，則幾乎都可以自動操作音量推桿。頻道音量推桿與靜音開關，都是混音流程中頻繁使用的部分，這種自動混音（automation）便顯得非常重要。在製作兩音軌混音的時候，如果每次播放都要手動控制推桿與開關，將是相當繁複的工程。

但是筆者還是偏好手動混音。因為人手不足的關係，就會請包括樂手本人在內的助手約四、五人同心協力控制音量，不只有成就感，過程也相當有趣。我們會先練習整個流程，開始前會下口令：「我們開始錄囉！」但又常因為擔心別人難跟上，而無法順利及時推自己負責的推桿……以前的混音作業充滿一種祥和的氣氛，到了現在，不論錄音用的音軌還是混音用的頻道都變得更多，如果少了自動混音，工作上可說是困難重重。

在錄音室裡實際使用的主控台，最常見的機種是SSL的G、J、K系列，或是 NEVE（**圖片④**），此外還有許多錄音室採用了

▲圖片④　新力音樂錄音室 1 號棚，以 NEVE8872R 做為主控台。本錄音室擁有 5 間錄音棚，還備有數間母帶生產預備專用錄音室，以及生產母盤用的錄音室，在業界堪稱是大規模場地

EUPHONIX 與日本製造的 OVER QUALITY 等品牌。過去在選擇錄音室的時候，常備的主控台往往是一大條件，所以在選擇的時候，錄音師必須事先記得不同品牌機種的特色。無論哪間錄音室都能錄出一樣聲音，是專業錄音工程師必備的能力之一。

§

　　前面雖說明了大大小小的項目，但一個初出茅廬的錄音師，面對眼前巨大的操作介面，會覺得徬徨無助是理所當然的事。因為還找不到「想做什麼」的念頭，才會搞不清楚各種器材的用法。所以才更需要趁早學會錄音與混音的實際工作內容。主控台說穿了就只有音量與開關兩種構造，其實也沒有想像中那麼可怕。錄音工程師又名「音場平衡工程師」，所以各位讀者可以把錄音師的工作，想像成維持錄音的平衡。

外接效果器

　　或許各位讀者還不習慣「outboard」這個名詞，其實這個名詞指的就是主控台上沒有內建（on-board）的效果器。在英語系國家通稱為「outboard effects」，日本則造了一個新字「effector」稱呼這些效果器。吉他手腳下一整排的「輕便型效果器」（compact effectors），在英語系國家多半稱為「pedal effects」（踏板型效果器）。這裡指的外接效果器，主要是彌補主控台缺乏的內建效果功能，或為音色增添不同質感，主要用於錄音與混音的「效果用」器材。

　　那麼外接式效果器又分哪些種類？簡單說來有①麥克風前級擴大機、②等化器（EQ）、③動態類（壓縮器、限幅器等）、④延遲、⑤殘響等常用類型，下面將逐一解說這幾個種類。

　　最近則推出不少統合多種功能，可製造新型效果的綜合效果器，以及更多種類的外接效果器。

　　前面已經在主控台的項目裡提到，主控台也已具備麥克風前級、等化器與壓縮器，至於需要另外選購的外接式效果器，現在則有更多選擇。近年尤其流行從老舊主控台分離出來的麥克風前級、等化器或壓縮器（這類製品又稱為「拆整品」〔knockdown〕），也就是原本內建的組件，反而獨立成為外接式組件。

　　接著，讓我們依序看看各式各樣的外接效果器。

▶ 麥克風前級擴大機

　　麥克風前級擴大機（**例圖①**）的基本功能，就是擴大麥克風訊號。可以透過輸入增益調整訊號的電平，盡可能擴大訊號，並使其不

致失真。

如果輸入訊號的電平原本就高，即使把輸入增益調到最小，訊號還是產生失真時，就可以透過按下衰減開關解決失真問題（麥克風本體有時也會內建衰減開關）。前面在主控台輸入區段的解說中（第31頁），已經提到送仿真電源給電容式麥克風的仿真電源開關、相位反轉開關以及濾波器。

麥克風前級末端的輸出增益，在此變成輸入增益設定電平的微調單元。舊機種中也有不配備輸出增益的款式，用在收錄低音大鼓時，有可能會出現輸出訊號過大，回主控台的訊號也失真的狀況。這時候如果能在麥克風前級與主控台之間串接其他器材，或許有幫助，但在哪一台機器上進行衰減則是另一問題（後面將會提處理方式）。

最近推出的機種之中，則有更多款式配備了可輸入電吉他等高阻抗（high-impedance）訊號的端子（**圖片①**）。只要具備這種端子，整台前級就可用來當成 DI（direct injection box；直接連接盒）使用。輸入端子除了 XLR 以外也有 phone-jack 規格，可以直接插入樂器的導線。如果在線路插入點加掛 DI，會把 DI 的聲音特性一起錄進去，所以如果特別需要那種音色，通常會把 DI 加入頻道的外接效果裡。

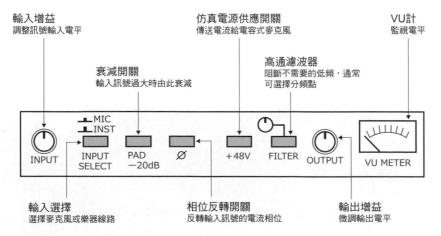

▲**例圖①** 麥克風前級擴大機的面板示意圖

◀圖片① 麥克風前級的 Hi-Z 端子

　　因為麥克風前級負責的是細微訊號的增幅，不同的機種都有各自的音色特性，一個錄音工程師必須熟記這些器材的特性。不論是經典名機（老爺機）的拆整品、單體的真空管擴大機、最新的高音質款式或內建真空管的新機種，都有其適合的選擇。

　　經典名機未必只能產生古典音色，而真空管機是靠許多倍頻的增幅處理訊號，通常可以錄出具有「通透」特性的聲音。有時候錄音師會刻意使用 NEVE 老控台單元的拆整品呈現失真感，或是使用動態範圍廣、不易失真的 GML 前級。所以平時用同一支麥克風接上不同麥克風前級，整理出不同機種的特性，我認為是一項重要的功課。

　　麥克風與麥克風前級之間也可能發生難搭配的問題，但如果能事先記住麥克風與前級的不同特性，就稱不上困擾。不過如果用到經典名機，也得顧及這台機器「能不能撐完全場」。所以我們也必須重視手頭的經典名機，是否處在能正常使用的狀態。

　　在實際應用方面，前面第 29 頁已經提到盡可能讓訊號經過外接的前級線路，所以在此設定成麥克風前級→MTR 順序。事實上，控台各頻道內建的等化器與推桿，在錄音的時候都相當方便。在作法上筆者經常將外接效果器直接連上控台的 SEND／RETURN，再將推桿微調的訊號送給 MTR（例圖②）。這種接法讓輸出匯流排的分配變簡單，電平調整上也較為輕鬆。當外接式麥克風前級的輸出增益只能以 10dB 為單位逐格增減，或是麥克風前級本身不附輸出增益的時候，則是一種有利於找出合適電平的手法。

　　接著，筆者要列舉幾款以前用過的麥克風前級擴大機。從廢機拆

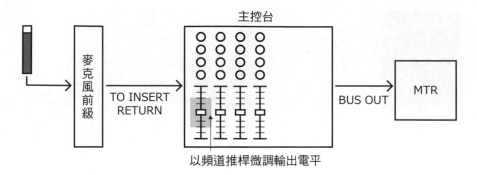

主控台

TO INSERT
RETURN

BUS OUT

MTR

麥克風前級

以頻道推桿微調輸出電平

▲例圖② 筆者偏好的錄音訊號路徑

整而成的 NEVE 1073（**圖片②**）與 1081 都是在業界廣為人知的經典款式。構造上是「麥克風前級＋等化器」，其中麥克風前級的音色最吸引我。甚至可以說，這兩款機器營造了「搖滾就用 NEVE 錄」的印象。另一種經典名機是使用真空管的 TELEFUNKEN 的 V72（**圖片③**）或 V76，外表上毫不起眼，卻可以讓音色呈現出意想不到的特別透明感。此外，身兼知名錄音師與設計師的喬治·馬森柏格（George Massenburg）研發生產的 GML 8300（**圖片④**）則具有幾乎零失真的平坦頻率響應曲線，通常用於不想錄出前級特色的情況。這台前級因為在高頻上的特色，在收錄重視高頻的音源時，是很重要的一台機器。又像是 FOCUSRITE ISA 116 之類自備線控的機種，在必要的情況相當實用（FOCUSRITE 也是 NEVE 控台開發者魯伯特·尼夫〔Rupert Neve〕後來成立的公司），可以把本體留在錄音間，自己只要坐在控台前以線控調整音量，直接轉送錄音間，不受雜訊增幅影

▲**圖片②** 原本內嵌在 NEVE 控台的 1073 模組，成為拆整品後廣受許多錄音師喜愛。圖為從 BRENT AVERILL 拆整的 Classic 1073

◀圖片③　增益值固定在 34.5dB 的真空管式單體擴大機，音響特性與超低失真的電路構造，也被應用於唱片母盤的刻片機上，反映出當時德國的高度工業水準（圖片提供：Studio System Lab）

▲圖片④　全分離式（all-discrete）前級 GML 8300 具有 2ch 與 4ch 兩種款式。這是開發者馬森伯格的另一傑作

響的訊號到控台，在保持音質上非常方便。

　　近來不僅麥克風前級採內建，也出現不少內建動態類效果或等化器的機型（頻道參數條，channel strip），可以看出直接從外接效果器輸入訊號錄音的手法正是業界潮流。

SUMMARY

👉 麥克風前級總整理
　　○ 負責將麥克風的訊號增幅
　　○ 機種不同，特色各異其趣

▶ 等化器（EQ）

　　等化器是一種透過對特定頻率進行增（減）幅調整，改變聲音質感與形態的工具。等化方式包括圖形等化與參數等化（**例圖③**），前者通常用於現場演出的 PA 工程等音場調整需要上，在錄音／混音現場幾乎都採用後者。不論哪種等化方式，都會改變一部分音頻的音量，想像成頻段的音量推桿也無妨。在日本的廣播電台播音室裡，有歷史的控台上都會有「等化裝置」的標記。

　　參數型等化器幾乎都分為三至五頻段（band），其中的高頻（HF）與低頻（LF）都是曲柄型等化響應（shelving-type，**例圖④**），可以推進或阻斷分頻點以上（或以下）的頻率。中間的中高頻

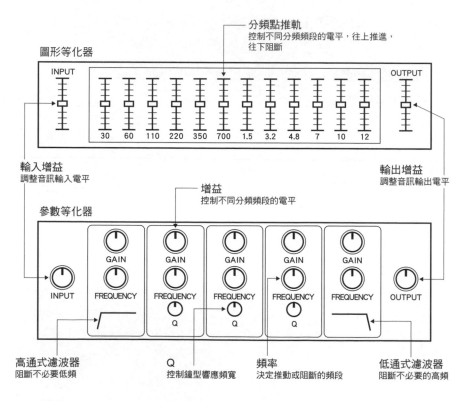

▲**例圖③**　圖形等化器與參數等化器的正面面板示意圖

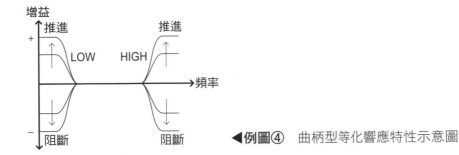

◀**例圖④** 曲柄型等化響應特性示意圖

（HMF）與中低頻（LMF）是鐘型響應（bell-type，**例圖⑤**），可以推進或阻斷分頻點前後的頻率。鐘型響應的參數「Q值」可以調整影響的頻段範圍，Q幅度愈大，推進／阻斷的頻率範圍愈寬，幅度愈小推進／阻斷的頻率範圍愈窄。

　　唯獨頻率等化會破壞相位的平衡，我們必須留意不能使用過度。再小的Q值都會影響前後的頻段，原來的相位也會因此被打亂，甚至可以稱為一種「失真」，在錄音室裡我們必須盡可能排除這種現象。不過話說回來，一部分經典名機也因為「失真」的特性而受到歡迎，這就另當別論……

　　外接式等化器通常會附加濾波器。高通式濾波器（又稱低頻阻斷濾波器 low-cut／hi-pass）與低通式濾波器（又稱高頻阻斷濾波器 hi-cut／low-pass）都是過濾不必要頻段雜音的元件。

　　阻斷不必要的雜音，是錄音工程中非常重要的作業。如果要把聲

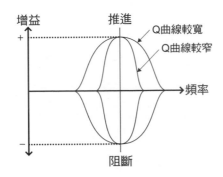

◀**例圖⑤** 鐘型等化響應特性示意圖

音錄進錄音座的最合適範圍裡，為了不必要的雜音變動刻度表，會顯得很可惜。例如收錄鈴鼓的時候，會把「轟—」的低頻雜音（floor noise）或樂手的蹬腳聲「咚！咚！」都錄進去，鈴鼓本身的音色就無法以合適的電平錄製，這時候透過低頻阻斷濾波器保留高頻並不為過。在目前DAW的全盛時期下，說不定也會有人心想：「後面再用等化器修一下不就好了？」但不論如何，都必須抱持一個基本的觀念：錄音就應該要以合適的輸入電平進行。

實際上的頻率阻斷，包括併用麥克風或麥克風前級的高通式濾波器，以及單獨使用等化器等方式。不同款式的麥克風具有不同的頻率特性，所以要阻斷的頻段也不同，阻斷後的頻率響應曲線形狀也不一樣。每一個器材都可以過濾頻段，但是從每一台機器的濾波器過濾，都會產生出不同的聲音質感。

以等化器決定聲音質感的決定性因素，主要在於分頻點與頻率曲線的形狀。例如我們將10kHz推進2dB，會因為等化器的機種不同，而產生不同的特色。有時候一些機種不會把分頻點正好設在10kHz上面。把這樣的因素也納入考量，則可以明白因應不同音源或曲調選用不同等化器的重要性。

此外，經典名機等老舊製品，不論線路的構造還是料件的聲音特質都相當強，有時候只是讓訊號經過這些機器，都可能會染上經典名機的音色。有時候為了這樣的音色，即使沒有更動EQ參數，也故意讓訊號通過等化器，這就是錄音的深奧之處。

接著，筆者要簡單介紹幾款過去曾經用過的等化器。首先要介紹的是「過機而不調整」的PULTEC真空管等化器EQP-1A與EQP-1A3（圖片⑤）。這台經典等化器傳奇到「用了音色會變亮」、「用了聲音會帶勁」的地步。事實上EQP-1A與EQP-1A3主要被運用的時代，類比錄音座無法錄製極高頻與極低頻，在錄音的頻率特性上，則形成陡升陡降的拱形。當時只好以推進極高極低頻，將頻率曲線補成扁平狀，而這種手法也得到了後人的好評。筆者常使用這款擴大機，更喜

▲圖片⑤　使用 WESTERN ELECTRIC 原廠電路的被動式等化器 PULTEC EQP-1A3，是經典 EQ 名機的代名詞，有數不盡的實體／軟體插件模擬本機種

◀圖片⑥　完全分離型 4 段等化器 API 550，在 1967 年上市時原本是主控台的模組之一，活躍於 1960 至 70 年代的美式搖滾樂錄音現場。本圖的 550B 是原機的復刻版

◀圖片⑦　10 段式圖形等化器 API560，與 550 一樣是主控台選購模組。本圖的 560B 與左邊的 550B 一樣，都是原機的復刻版

歡在錄製歌唱時使用。

　　同樣是經典名機，從淘汰的主控台拆整而成的 API 550（圖片⑥）也相當出名。這台等化器可以將一個頻段推到 -12dB，聽起來有點像在開玩笑，與其說是微調音色的器材，更該說是積極調整聲音時的重要工具。API 的音色吸引了許多愛好者，但因為音色雜質多，有時候也難以應對。筆者常用來錄製搖滾鋼琴或鼓組。API 還推出了圖形等化器 560（圖片⑦），在需要微調的時候才反過來用這台。同樣是拆整品，前面提到的 NEVE 1073／1081 也很有名，兩台的分頻點有很特殊的不同，所以被用於不同的音源與曲調。

　　除了上述這些充滿特色的產品，還有 GML 8200（圖片⑧）、SONTEC MEP-250、AVALON DESIGN AD-2055（圖片⑨）AMEK Medici 等直送主控頻道的機種。在製作立體聲錄音時，如果沒有使用

◀圖片⑧　建立參數等化理論的馬森伯格研發的 GML 8200 是 5 段式 ±15dB 規格，堪稱所有參數等化器的原點

◀圖片⑨　AVALON DESIGN AD-2055 是純 A 級全分離式設計的 4 段式規格，透過主動／被動可切換的濾波器，可以達到頻率響應不渲染的訊號處理

精度較高的逐格增減，LR 聲道的設定會產生錯位，所以必須選用到了母帶生產預備階段也可通用的等化器。

SUMMARY

☞ **等化器的總整理**

○錄音室主要使用參數等化器

○小心相位特性的變化（嚴禁過度使用！）

▶ 動態類效果器

　　一般我們把壓縮器、限幅器（limiter）、噪音閘門（noise gate）總稱為「動態類效果器」，而這類外接效果器，主要運用在樂器、歌唱等音源的音量，也就是動態上的控制。其中又以壓縮器因為可以輸出最適合錄音的音量，成為錄音時最重要的工具之一。壓縮較大聲的訊號之後，也能切實收錄小聲量的訊號，是壓縮器主要的使用方式。接著來說明以壓縮器為中心的動態類外接效果器。

　　壓縮器的基本功能，是壓縮臨界值（threshold）以上的訊號（**例圖⑥**）。較高電平的音訊會被壓縮，減少與較小電平音訊間的差，可

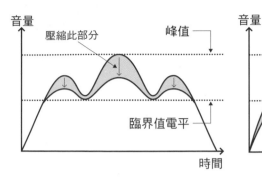

▲**例圖⑥** 壓縮器的運作機制

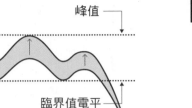

▲**例圖⑦** 音訊在壓縮後整體電平都會提升

以錄製整體音量較大的聲音（**例圖⑦**）。在壓縮的過程中，可以透過調整各種參數得到所要的壓縮結果，可以稱得上是對錄音工程師功力的考驗。

接著介紹壓縮器的各種參數（**例圖⑧**）。就如同其他的器材，每一台壓縮器都具有輸入增益，以調整合適的輸入電平。臨界值旋鈕決定壓縮器啟動的電平，轉小的話，連小音量都會被壓縮，對後面的參數都會產生影響，所以要審慎考慮數值。尤其是壓縮器各參數關係密切的外接效果器單元，各位讀者在使用前務必具有充分的理解。

壓縮器的運作概念，則類似**例圖⑨**。

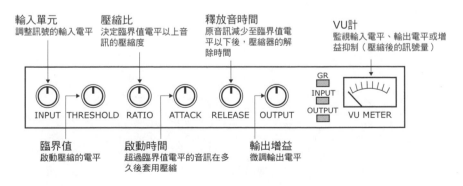

▲**例圖⑧** 壓縮器的正面操作面板示意圖

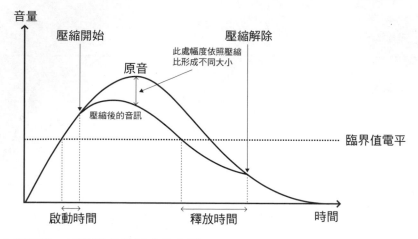

▲**例圖⑨** 壓縮器參數概念示意圖

　　有的機種可能沒有調整臨界值電平的旋鈕。這類機器的壓縮臨界值電平固定，只要輸入增益一提高，就會自動啟動壓縮。這時候輸出電平也會隨輸入增益一起增加，在輸出時就要調整輸出電平。有的機種則在處理超過臨界值電平時，可以調整壓縮的曲線弧度，在臨界點前後弧度較鈍的壓縮稱為「軟曲態」（soft-knee），較硬直的壓縮則稱為「硬曲態」（hard-knee，**例圖⑩**）。

　　在訊號超過臨界值電平，啟動壓縮到實際套用壓縮間，其實有時間差，這個時間差我們稱為啟動時間（attack time）。啟動時間旋鈕

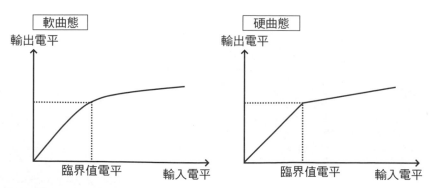

▲**例圖⑩** 軟曲態與硬曲態調整上的不同

周圍通常有「2、4、6、10……」等刻度，單位多半是毫秒（msec）。換言之，如果刻度對準2，就會得到兩毫秒的啟動時間。數位運算的壓縮器也可以設定成0msec，類比壓縮器則一定會有時間差，這個時間差可以當成一種為音色加味的工具。當我們把啟動時間稍稍延後，可以強調出低音大鼓或貝斯的起奏音（圖⑪）。或是針對演奏一連串短促起奏音的音源，將壓縮的啟動時間調短，也可以讓這些音源聽起來像是連綿的音符（圖⑫）。這兩個例子都可以充分說明，壓縮器不只可以補正音量，甚至可以改變聲音的質感。

　　相對於啟動時間的就是釋放時間（release time），指的就是壓縮解除的時間，通常與啟動時間一樣在旋鈕周圍標記時間。釋放時間離

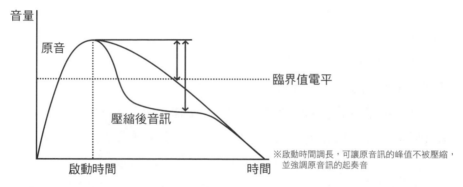

※啟動時間調長，可讓原音訊的峰值不被壓縮，並強調原音訊的起奏音

▲圖⑪　調長啟動時間可強調起奏音

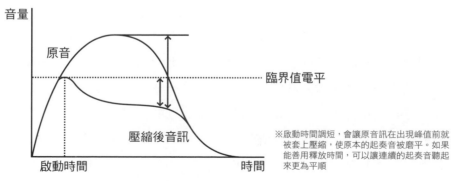

※啟動時間調短，會讓原音訊在出現峰值前就被套上壓縮，使原本的起奏音被磨平。如果能善用釋放時間，可以讓連續的起奏音聽起來更為平順

▲例圖⑫　調短啟動時間可磨平起奏音

訊號愈短，愈能表現出節奏感，愈長則可帶來緩和感。請各位讀者想像成與啟動時間一樣，可以改變聲音質感的參數。

壓縮器另一個重要的參數是壓縮比（ratio），這是用來決定套用壓縮的音訊，會被壓縮到什麼程度。面板上的旋鈕會標記「1.5、2、3……」等數值，在此要留意壓縮比的單位，並不是啟動或釋放時間使用的毫秒，而是 1.5:1、2:1、3:1 ……等不同的壓縮比率。

不同的機種，在參數設定下都有不同的特色，即使全部設定相同的參數，也未必能得到一樣的結果。壓縮比或啟動／釋放時間的數值，通常也會依機種有所不同，但由於啟動／釋放時間會對樂器的音色或曲調帶來很大的影響，所以在壓縮器的選用上，必須格外慎重。

有的機種還有自動設定啟動／釋放時間的「AUTO」模式，例如經典名機 FAIRCHILD 660 等款式的自動設定就有極廣的用途，如果要錄製有魄力的鼓組音色，也有許多人愛用 660。

趁著列舉機種的同時，也順便介紹幾款代表性的壓縮器。UREI 1176（**圖片⑩**）是一款經典名機，幾乎可說是專業錄音室必備的款式。筆者常常用於歌唱的錄製，在使用便利性與音色的變化上，都是個人最愛的一款壓縮器。另外，DBX 160（**圖片⑪**）或 165 也相當出名，是錄製貝斯的時候必備的器材。此外，AUDIO & DESIGN 的 F760X-RS（**圖片⑫**）可以將啟動時間縮至最快，甚至連鼓組剛敲下去的起奏峰值都可以壓下來，所以連錄音棚的細微聲響之類的小音量訊號都可以推起來，在想要錄下充滿空間感的鼓組音色時相當管用。

如果想在錄音時使用壓縮器，基本上與等化器一樣，都是以調整成適合錄音的程度為前提。然而有時因應不同的曲調，如果分軌錄音不仔細調整音色，會讓其他樂手無法繼續演奏。這時候可能得一邊錄音一邊調整壓縮器。但是要留意收音時一旦加上壓縮器，錄下來的音檔可能不小心錄下壓縮器的聲音，加太多壓縮器就可能調不回來，在使用的時候必須特別小心。如果你還是擔心，也可以把壓縮器加在監聽的部分，與其一再 NG，這種方法我想還是比較安全。

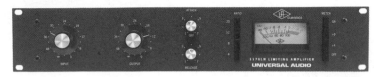

▲圖片⑩ 1967 年推出的 UREI 1176 具有 Revision A～H 各種款式。圖中是由 UNIVERSAL AUDIO 1176N 復刻的黑色面板款（Revision D／E）

◀圖片⑪ DBX 160 是後來 160A、160SL、160X 等系列產品的始祖，寬度只有機櫃的一半，其貌不揚反而是最大的印象。可變式參數的構造也相當簡單，至今仍有許多錄音師愛用

▲圖片⑫ 人稱「Compex-Limiter」的 AUDIO & DESIGN F760X-RS 是立體聲規格的壓縮器，一般認為本機種因為內建擴幅器，才會被取 Compex 的名稱

　　此外，也有一種壓縮器的用法，是在混音階段把壓縮器掛在立體聲主控混音上，又稱為「總壓縮」（total-comp）。這種技法可減少曲子裡的音量起伏，適用於想帶出曲子魄力的情況。如果接錯左右聲道，會讓音像失去平衡，這時可以選用具有立體聲連結（stereo link）的機種。筆者在這種情況最愛用的立體聲壓縮器，是 SSL 主控台內建的匯流排用壓縮器。內建式效果器用起來很方便，更喜歡這種壓縮在音質上的變化。NEVE 的 33609（圖片⑬）以及經典名機 2254（圖片⑭）也都是筆者愛用的機種，尤其 2254 可以帶來NEVE老機器共通的倍頻豐富音色。同樣是經典名機的 FAIRCHILD 670（圖片⑮）也是立體聲款式，而這台除了一般的壓縮功能以外，能壓縮出立體感，也是本機種的一大特徵。我想或許是因為這台機器推出的時代

▲圖片⑬　NEVE 33609 是從同公司模組 2254 電路延伸而成，1969 年上市。現在則有圖中的 33609／J 與 33609／JD 兩種款式可選

◀圖片⑭　NEVE 2254 本身也分各種款式，圖中的 2254／E 的啟動時間可調快／慢，臨界值電平也可調整（圖片提供：Studio System Lab）

▶圖片⑮　披頭四錄音時使用的 FAIRCHILD 670 是經典壓縮器的代名詞，原先設計給廣播電台使用。660 則是 670 的單聲道款式（圖片提供：Studio System Lab）

背景下，大部分主控頻道都還是單聲道的關係，才會增加這樣的功能，加強與單聲道音訊的親和性。這台機器可說是聲音性格極強的款式，在處理鼓組混音的時候對所有音軌套用壓縮，得到的音色可以兼顧魄力與收尾的結實，是本機種的強項。

§

接著要簡單介紹的，是壓縮器以外的動態類外接效果器。有一種壓縮器的啟動時間可以設定得更快，壓縮比也可到達「∞（無限大）：1」極端數值的單機式外接效果器，我們稱之為限幅器（limiter）。無限比一的設定意味著「將臨界點以上的音頻，全設在同一電平量上」（**例圖⑬**）。限幅器常常用於不容許電平過大的情況，換言之就是主控頻道。數位款甚至可以將啟動時間設定為「0」。具體上的機種，如業界有名的 SONY DAL-1000，以及可以分

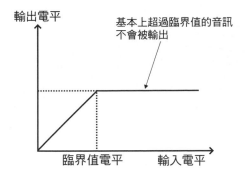

輸出電平

基本上超過臨界值的音訊
不會被輸出

臨界值電平　　　輸入電平　　◀例圖⑬　限幅器的運作示意圖

不同頻段壓縮的 T.C.ELECTRONIC Finalizer 96K（**圖片⑯**），都常用於主控頻道的輸出上。

此外，噪音閘（noise gate）也用於阻擋一定電平以下的音頻上，像是一個「閘門」把不需要的噪音擋掉，讓想錄的音頻通過。控制參數上也與壓縮器一樣是臨界值電平、啟動時間／釋放時間等，但被稱為壓縮比的參數，在此則變成了範圍（range）。這裡的範圍，指的是臨界值以下的音頻，將被縮小到何種程度的係數。噪音閘通常用於被其他音色覆蓋之下，想要移除多餘覆蓋音色的情況，並且時常用於收錄鼓組的筒鼓或小鼓。在另一方面，在臨界值以上的音頻又無法通過閘門，換言之，閘門的反義語就成為「背景音衰減」（ducking），通常閘門與伴奏衰減效果會組合成為一台單機，以供外接，例如 DRAWMER DS201（**圖片⑰**）等。

▲**圖片⑯**　由多頻段壓縮器的潮流衍生的 T.C.ELECTRONIC Finalizer 的次世代款式 Finalizer 96K。顧名思義可處理 96kHz 取樣頻率，得到音質上的提升

▲**圖片⑰**　兩頻道噪音閘 DRAWMER DS201 的啟動時間相當快，處理後也可以保留相當自然的音色。甚至具有外接觸發開關用的端子

◀圖片⑱ DBX 模組櫃中間安裝唇齒音消除器模組 902，902 具有專利設計「sibilance detection circuitry」可精確偵測並去除不必要的唇齒音

　　至於壓縮特別頻率，尤其在主唱的唇齒音套用壓縮時，則會使用唇齒音消除器（de-esser）。一些歌手的咬字或曲風可能會帶來太多唇齒音的問題，在調整音軌的合適電平上必定帶來困擾，唇齒音消除器則是用來消除多餘的子音，有助於調整出合適的電平。ORBAN 516 或 DBX 902（**圖片⑱**）都是代表性的機種。

　　這些器材對錄音工程師而言，都是提升錄音或混音表現範圍上非常重要的輔助工具，所以在保養維修上都不得大意，必須時常確認器材的正常運作。

SUMMARY

☞ 動態類效果器總整理
　　○ 參數間的關係密切
　　○ 在製造聲音特質時會重用

▶ 殘響

我們可以想像，在教堂與音樂廳建築興盛的歐洲，從很早開始就已經知道空間如何影響聲音的質地。繼承這種音響傳統的人們，在開始玩搖滾樂或流行音樂時，會需要殘響（reverb）效果也是理所當然的事情。

從歷史來看，在一間空曠的房間裡用喇叭播放預錄的錄音，並將播放的音樂連同空間的反射音一起收錄，可以當成殘響音效的起源（**例圖⑭**）。這時候我們把播放音源的房間叫做「反響室」（echo chamber），以前的錄音室都會有常備的反響室。據說誕生許多熱門金曲的紐約 Power Station 錄音室，有時也會把廁所當成反響室使用。

反響室不以電子訊號模擬的方式為原來的音響附加殘響，但隨著時代的改變，模擬方式的殘響漸漸抬頭。成為外接效果器形態的殘響，一開始是以一面榻榻米大小的鐵板製造回音（金屬板式殘響 plate reverb），或是透過彈簧的振動傳導製造回音（彈簧式殘響 spring reverb），都還是物理性的處理方式。雖然這兩種效果無法模擬出反響室的效果，各自的音色還是充滿實體音效的厚度。代表性的彈簧式殘響有 AKG BX-20（**圖片⑲**）這種保險櫃大小的機器；而

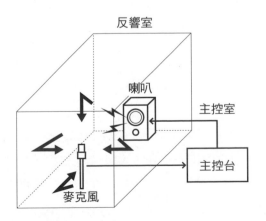

▲**例圖⑭** 反響室的原理示意圖

◀圖片⑲　重量達 50 公斤的 AKG BX-20 彈簧式殘響，體積已經遠超乎一般對外接效果器的印象。1970 年上市的經典機種，如今仍有一些錄音室在使用

▶圖片⑳　重量高達 240 公斤，體積也更大的金屬板式殘響 EMT 140，一般直接稱為「鐵板」。大型錄音室只要配備本機種，大家去就會想要那種音色

代表性的金屬板式殘響，如 EMT 140（**圖片⑳**）則像一個橫放的書櫃一樣大。更因為這兩款殘響是透過大型物體的振動傳遞聲音訊號，必須與周圍絕對隔離才能發揮效果，非常缺乏空間效率。再者這兩種殘響效果器最怕輸入訊號過大，例如彈簧式殘響在處理高電平的訊號時，會發出類似「啵」的雜音（現有的吉他音箱之中，也有一些機種內建長條形彈簧，在搬動時彈簧也會發出類似的聲音）。這種雜音就意味著彈簧式殘響不耐高電平訊號。金屬板式殘響也一樣，當輸入音訊達到峰值，也會發出類似「誆」的雜音。如果在複製錄音（dub）時，把金屬板式殘響效果套用在小鼓上，就會得到所謂「水花」的獨特音色。有時操作上的失誤，反而可以為錄音帶來有趣的效果，但是在此提醒各位讀者要銘記在心的，還是你必須先清楚原來的音色，才可以嘗試特殊的用法。

　　此外，透過物理程序得到的音色，到現在依舊具有相當的支持度，讓那些還保留著能正常使用的彈簧式殘響或金屬板式殘響的專業錄音室，也把這些老爺器材當成一大賣點。現在數位殘響的效果種類裡，一定也會包括「PLATE」與「SPRING」這兩種預設效果，可見這兩種殘響的重要性。

在這種「真實系」殘響受歡迎的同時，技術的發展也逐漸出現數位殘響。在一開始，數位技術還很難演算出殘響，早期的數位殘響效果器，甚至因為體積龐大而被稱為「電暖爐」。造型酷似漫畫《鐵人二十八號》（鉄人 28 號）遙控器，而在日本被稱為「鐵人二十八號」的 EMT 250／251（圖片㉑）就是一個好例子。後來機身愈做愈小，小到足以塞進錄音室控台旁的機櫃，又出現了類似 LEXICON 480L 這樣的最新型錄音室必備款，許多錄音工程師到了現在都還很愛用。480L 是一種預設效果組與音質至今都很受業界歡迎的殘響，我想許多人應該都在錄音室主控台的照片中，看過專用的 LARC 線控（圖片㉒）。其他殘響還包括風靡一時的 QUANTEC Room Simulator QRS（圖片㉓）、AMS RMX16（圖片㉔），其中筆者最喜歡 QRS 的

▲圖片㉑　EMT 數位殘響 250 推出當時發行的型錄文案「a dream becomes reality」，令人會心一笑。神似鐵人 28 號控制器的介面，又充滿懷舊感

▲圖片㉒　1986 年上市的 LEXICON 480L 奠定了當時業界的基準。使用圖中的專用線控 LARC，可以直接在控台前控制殘響參數，在專業錄音室裡已是家常便飯

◀圖片㉓　1982 年上市的 Quantec Room Simulator（QRS），具有 64 種參數可調整，能重現各式各樣的空間特性。我最喜歡本機種內建了一種其他機器做不出來的長殘響

◀圖片㉔　AMX RMX16 是名符其實的 16-bit 數位殘響，雖然只有 9 組預設效果，自訂參數反而很好操作。本機器也是數位殘響的標準款，是很多錄音室的常備品

音色。

　　數位化後的殘響，又透過效果插件（plug-in effect）的形態推陳出新。目前不但有數位演算模擬往年經典名機音色的插件，也有完全原創的款式。

　　數位殘響的設定，還是以對實際空間的模擬為基本考量，概念上就像是如何讓一個在沒有殘響的乾枯空間裡錄製的音源，聽起來像是在另一個空間裡演奏。接著我們要來介紹殘響的各種控制旋鈕（**例圖⑮**）。一般的數位殘響效果，首先可以從「room type」設定類似「room」或「hall」空間的種類，並從「Room Size」調整房間大小與寬深。「Reverb Time」設定殘響長度（延續的時間）。還有「Density」調整殘響音的清晰度，可以想像成殘響音的音質是清楚還是模糊。參數「PreDelay」可以調節殘響音要在原來的音訊出現後多久才出現，對於製造音場左右寬度很有幫助，是一個重要的控制旋鈕。簡單的聯想就是空間愈寬，殘響時間聽起來就愈長。

　　但是實際使用數位殘響的時候，未必要強調「空間的模擬」。將「PreDelay」調大，會把原音訊與殘響音中間的時間拉遠，如此一來即使有殘響效果，原音訊的清脆感還是能保留，可用於特別需要的情

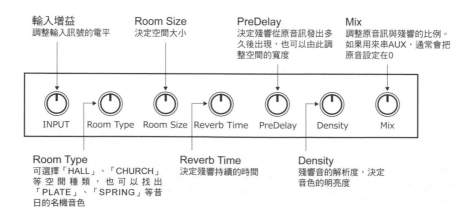

輸入增益
調整輸入訊號的電平

Room Size
決定空間大小

PreDelay
決定殘響從原音訊發出多久後出現，也可以由此調整空間的寬度

Mix
調整原音訊與殘響的比例。如果用來串AUX，通常會把原音設定在0

INPUT　Room Type　Room Size　Reverb Time　PreDelay　Density　Mix

Room Type
可選擇「HALL」、「CHURCH」等空間種類，也可以找出「PLATE」、「SPRING」等昔日的名機音色

Reverb Time
決定殘響持續的時間

Density
殘響音的解析度，決定音色的明亮度

▲**例圖⑮**　數位殘響效果器面板示意圖

況。如果把 PreDelay 調成零，則可以做出幾近於原錄音複製後，一音軌加上效果的特別音色。進一步來說，許多機種還可從 Room Type 選擇 Plate 與 Spring，所以已經無法再將殘響簡單歸類成「實體空間的模擬」了。

在數位殘響不斷發展的時代潮流下，還有一種「取樣式殘響」（sampling reverb）也廣受歡迎。這種殘響已經超越了「空間模擬」，而直接取樣空間的各種殘響，並透過內部演算形成殘響效果。這種演算可說是一種需要相當強大的硬體規格，因應中央處理器晶片運算速度加快而產生的技術。取樣式殘響的特徵在於音色相當自然，有些機種甚至在世界上有名的音樂廳實際收錄空間殘響。然而前面也提到，數位殘響未必用於「空間的模擬」。從反響室的時代開始，經過金屬板／彈簧式殘響或數位演算式殘響，我們甚至可說搖滾與流行音樂的音色，已經很難與殘響分割。

殘響效果也沒有所謂「任何情況一台通用」的機種，一個錄音工程師必須熟悉彈簧式殘響、金屬板式殘響，知道 480L 的「鐵板」是什麼音色，當然還有取樣式殘響的音色，才能因應不同的音源，決定出最合適的音色。尤其在收錄原音樂器的時候，一定會把周圍的殘響都一起錄進來，所以如果不知道殘響的形成與持續方式，就無法理解樂器的音色。所以殘響堪稱一種扮演著非常重要角色的效果器材。

SUMMARY

☞ 殘響總整理
○未必用來模擬空間
○不熟悉殘響就無法捕捉樂器的音色

▶ 延遲音

延遲（delay）與殘響理論上是一樣的效果，甚至可以想像無限個延遲聚集起來，就可以變成殘響。做為樂手用於樂器上的效果器，延遲音其實具有比較長的歷史。所以許多人對於樂手演奏上的印象，通常伴隨著樂器音色附加的延遲音效果。當然錄音工程師也常常用於改變音像的樣貌（後詳）。

錄音史上最早出現的延遲音效果，是透過類比錄音機產生而成，稱為「磁帶回音」（tape echo），利用錄音磁頭與放音磁頭間的時間差運作（**例圖⑯**）。將首尾相接的盤帶掛在盤帶轉軸上，並且改變錄音座的轉速（這種技法又稱為「多重變速」vari-pitch），以控制延遲音的時間長度。一九六〇年代的錄音之中，歌聲伴隨的回音，通常以這種方式產生。收錄在磁帶上的音訊會不斷劣化，但聽起來頗為自然，是一種至今仍有人繼續使用的方法。一九七〇年代又陸續出現許多新機種，例如 MAESTRO Echoplex 或 ROLAND RE-201（**圖片⑤**），音色上至今聽起來仍相當特別，具有眾多忠實的支持者。

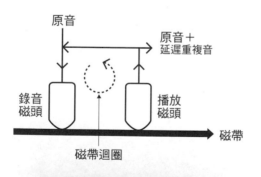

◀例圖⑯ 磁帶延遲音的動作示意圖

原音

原音＋延遲重複音

錄音磁頭

播放磁頭

磁帶

磁帶迴圈

◀圖片⑤ 具有 12 種預設音效（包括殘響）的 ROLAND 磁帶式延遲效果器 RE-201，可以調整延遲音的音質，所以可以進行音效的細部修飾

後來又有了使用延遲訊號原理的類比式延遲機，以及用晶片取代訊號延遲的數位式延遲機。這些機種讓延遲音效的音質愈來愈好，延遲時間也愈來愈長⋯⋯有些機種甚至還有透過延遲音播放時速度上的改變，形成類似和聲（chorus）效果的「調變」（modulation）功能，或是因應內建記憶體容量加大而附加的「取樣」（sampling）功能，都可稱得上是數位時代才有的恩惠。日本製造的 ROLAND SDE-3000（**圖片㉖**）也轟動一時，在海外錄音室裡得到標準配備等級的肯定；由於長延遲音以及便利的操作，至今仍有喜多愛用者。具有取樣與音高調變（pitch change）功能的AMS S-DMX（**圖片㉗**）也具代表性，EVENTIDE H949（**圖片㉘**）也是在初期受歡迎的一種合音器（harmonizer）。

▲**圖片㉖** ROLAND SDE-3000 數位延遲音效果器，不僅在海外的錄音室相當普及，也受到許多舞台音控工程師愛用。在停產一段時間，應錄音工程師的要求又推出了 SDE-300A

▲**圖片㉗** DMX 系列的最終款式 AMS S-DMX，是一種具取樣功能的 15-bit 綜合效果器，也具備變聲的功能

▲**圖片㉘** 1977 年上市的 EVENTIDE H949 被稱為「第一台訊號不會亂跳的變聲器」，許多錄音工程師都愛用。近年又被重製成插件版，並收錄在 Eventide Anthology 套裝組中

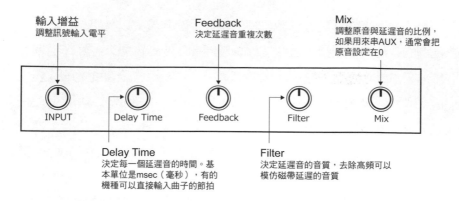

輸入增益
調整訊號輸入電平

Feedback
決定延遲音重複次數

Mix
調整原音與延遲音的比例，
如果用來串AUX，通常會把
原音設定在0

INPUT　　Delay Time　　Feedback　　Filter　　Mix

Delay Time
決定每一個延遲音的時間。基
本單位是msec（毫秒），有的
機種可以直接輸入曲子的節拍

Filter
決定延遲音的音質，去除高頻可以
模仿磁帶延遲的音質

▲**例圖⑰**　數位延遲效果的正面操作面板示意圖

　　延遲音效果器的基本控制參數沒有那麼複雜，主要參數則包括決定每一個延遲音長度的「Delay Time」、決定延遲音反覆次數的「Feedback」，以及決定延遲音音質的「Filter」三種（**例圖⑰**）。有時候延遲音最好貼近原來的音色，有時候時間拉愈長原來的聲音就愈劣化，卻會為錄音帶來深度或質感上的好影響。在這層意義上，「濾波器」的設定很重要。

　　延遲音原來是把音像往前拉或往深處推的效果，在混音上是非常重要的元素。有時候可以讓音場相當飽滿，有時候似有若無的套用，也可以得到一種令人懷疑「有加？沒有加？」的效果。此外「Delay Time」的設定也相當重要，四分音符長度的延遲音會拉遠音像間的距離，八分音符長度的延遲音，則可以依照套用量的大小，影響音像的深淺感。所以在混音工程當中，延遲效果的使用頻率才會這麼高。

　　另一種特殊的用法，是在延遲音出現前刻意把Feedback拉高，常用於複製混音（dub mix）或一首曲子要製造最強印象的時間點（one point）上。在類似techno等風格的舞曲裡，則可透過重度使用的延遲音效，讓同樣的樂句聽起來變成另一種滋味。

　　延遲音效果可以為混音帶來廣度與深度，我們可以說是決定一首曲子印象的重要因素。

SUMMARY

☞ **延遲音效果總整理**

○混音過程中常被用來改變音像的樣貌

○機器本身的音質與濾波器設定很重要

▶ 從綜合效果器到效果插件

　　當各式各樣的外接效果器都開始數位化，並且能演算出各種想要的效果之後，就開始出現可以加殘響、加等化、加延遲音的綜合效果器（multi-effects）。例如YAMAHA SPX90（**圖片㉙**）就是一個非常普及的機種，當初剛上市的時候，筆者還不相信一台機器就可以搞定所有效果。在某雜誌的廣告上看到SPX90的時候，我還以為是同系列的「殘響」、「延遲」或「等化」單機上市，一度還認真思考「買這系列的閘門式殘響和音高調變器就好」。但仔細看了廣告文案，才知道這台機器竟然包括了所有的效果功能，受了很大的震撼。還有EVENTIDE H3000（**圖片㉚**）也是綜合效果器的代名詞之一，因為每

▲**圖片㉙**　1985年上市的YAMAHA SPX90帶來了「綜合效果器」這個驚人的概念。直到2004年推出的最後機種SPX2000為止，不論是錄音室還是音控現場，都可聽見本機種的活躍度

▲**圖片㉚**　正面字樣「Ultra Harmonizer」道盡一切的EVENTIDE H3000。自從1988年推出以來，不僅是和音效果，還被錄音室當成常備的愛用綜合效果器。2004年本機種的延遲音效果預設組被製成插件版

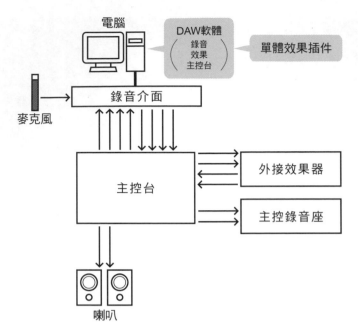

▲**例圖⑱** 軟硬體共存的錄音系統示意圖

一間錄音室至少都會有一台。預設效果組裡有大量用心編排的程式，在猶豫要用什麼效果的時候很有幫助。

　　但是當年的新機器，如今看起來卻恍如隔世。數位演算出來的效果其實在電腦上都可以重現，所以現在的外接效果幾乎都整合進DAW 裡，或是被做成獨立的效果插件販售。原來是實體外接的效果器，如今慢慢都變成軟體，但軟體之中不乏數位運算重現經典名機線路的款式，也有一些款式可以運算出實體不可能產生的效果，技術發展上可說是日新月異；話說回來，硬體與單機才能呈現一些音質特性，也是不爭的事實。所以請各位讀者記得，想要純熟操作軟體前，還是得先摸熟原來的實體機器。一個軟硬體共存的作業環境，我們幾乎可以稱之為最理想的錄音系統（**例圖⑱**）。

▶ 自己動手做專屬的效果器

最後要奉勸各位讀者，不妨挑戰「自己動手製作機器」。一定有人擔心：「外接效果器一定很難自己組裝吧？」如果能摸透既有的器材，希望各位有機會一定要試試。

筆者一開始也是為了要在家裡工作時使用耳機前級，才接觸自組效果器的領域。向朋友討教的時候，得到「構造簡單的機器，都可以自己製作」的建議，所以就開始嘗試自組。在實作過程中發現，簡單的構造裡其實也有值得鑽研的部分，並由此進入自組效果器深不可測的世界裡。

下一台挑戰的是 PULTEC 型的 EQ。我一直很喜歡 PULTEC 出的EQ，一看配線圖才發現：我喜歡的 EQ 效果，不就是由線圈、電容與阻抗組成的被動式等化線路嗎？所以就想自己動手做做看，做出來的成品儘管配線並不複雜，套用在音訊上的效果，完全就是自己喜歡的PULTEC 質感。我又試著改換電容，發現整個聽起來又像是電源線或音訊線換掉之後的感覺。我才發現身為專業錄音工程師，在這樣的小零件上也要下工夫。

經過了各式各樣的實驗，我進一步理解更多零組件就像 EQ 裡的電容一樣，對音質都會帶來影響。例如輸出入端的變壓器（transformer，港名火牛）等元件，其實也算是為經典名機帶來聲音性格的關鍵之一。原本變壓器是一種會受到訊號音量大小影響而改變性質的不完整元件，在這層意義上可以想成與樂器一樣的音樂性要素。經典名機使用的變壓器單體，之所以到現在還這麼貴，也就有跡可循。

在看過各種零組件之後，也慢慢發現了自己「為什麼會喜歡那些器材」。

例如筆者喜歡 DBX 的壓縮器，或是 SSL 的主控壓縮器，這兩個機種似乎都用了 VCA（voltage-controlled amplifier，電壓控制擴大器）的晶片。我本來不是那麼喜歡 NEVE 33609 的音色，也在研究電

▲圖片㉛　筆者手做的等化器

路板配線圖，找來同樣的料件組出試作機之後，才領悟出33609的實力所在。

　　對錄音工程師而言，自製器材也算是一種讀取使用說明以外訊息的方式。希望各位讀者有機會也拿著焊槍，自己組裝出一台市面上找不到的專屬機器來用。

SUMMARY

☞ **外接效果器總整理**

　　○ 透過DIY增進對器材的理解

　　○ 認識單機或硬體內件效果獨特的個性來源

錄音座

　　從麥克風採集的聲音，經過主控台和外接效果器，並且透過錄音座（multitrack recorder／MTR；多軌錄音座）保存。實體 MTR 常見的規格，類比是 24tr，數位是 48tr；如果將 DAW 當成錄音平台使用，基本上沒有錄音軌（track）數的限制。

　　此外，有別於多軌錄音座，主控錄音座（master recorder）則專門負責錄製混音的結果。初期的錄音技術，都直接將麥克風採集的聲音直接以單聲道的錄音器材收錄，這時候演奏時間等同於收錄時間，可說是一種非常單純的手法。

　　在爵士樂的世界裡，也有一段時間偏好一種稱為「母盤直刻」（direct cutting）的手法，連盤帶都不用，直接將演奏的訊號刻在母盤的溝槽上。由於音訊不經過額外的線路，音質更好，也使得這種方式很受歡迎。

　　在流行歌或搖滾樂錄音的領域，只有極少數的情況會使用到這種母盤直刻，在基本作業流程裡，都會將音訊分別錄在 MTR 的個別音軌，並且將混音後的主音訊錄進主控錄音座。本節我們要分別介紹 MTR 與主控錄音座。

▶ 類比式 MTR

　　類比式錄音的操作原理，是將傳遞到錄音磁頭的電流訊號磁化後，記錄在錄音用盤帶的磁性層裡。採用這種方式記錄的聲音資料，即使在錄製同樣的聲音，都必須確保錄音帶的長度，而且愈長愈好。錄音帶可確保的時間愈長，動態範圍也愈寬，錄音品質也愈高。

後來隨著技術的進步，錄音器材的可錄軌數，也從一開始的單音軌（monaural），進展到立體聲（stereophonic sound），並且逐漸增加到 3tr、4tr……當同樣寬度的磁帶，可錄的音軌愈多，每一個音軌可以記錄的資訊也愈少（也就是音質變得更差）。實際使用的盤帶，通常區分為四分之一吋、二分之一吋、一吋與兩吋；業界實際使用的盤帶，通常是二十四（或十六軌）的兩吋盤帶機。過去曾有廠商推出過三十二軌的類比式 MTR，但並沒有普及。

■ 類比式 MTR 的優點

類比式 MTR 至今仍然廣受歡迎，受歡迎的祕訣又在哪裡？不論是哪一種錄音保存媒介，都有各自的優點，好的錄音媒介必須具備較廣的動態範圍。基本上，錄音媒介的選用都以較廣的動態範圍為前提，太在意超出動態範圍，可能會錄出音量偏小的檔案（**例圖①**）。但盤帶式 MTR 即使訊號有時過載，也可以保留過載前的音訊輸入音壓（**例圖②**）。超出響應範圍的音訊當然會失真，但就音樂性而言，大家都會覺得「聲音比剛才更有勁」。這是類比錄音特有的飽和度（saturation），又稱磁帶壓縮（tape compression），近年更受到業界重視。至今許多愛好者也因為這種飽和質感而愛上類比錄音。

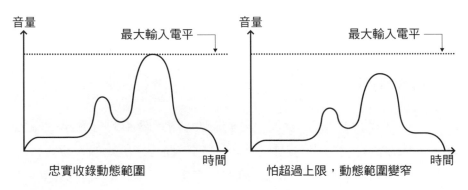

▲**例圖①** 輸入電平與動態範圍的關係

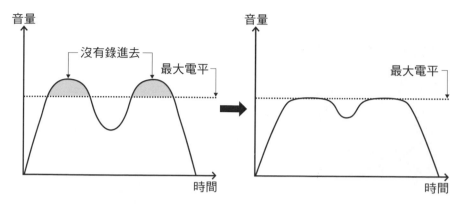

▲例圖② 類比錄音座獨特的壓縮效果

　　盤帶受歡迎的另一個因素為「可以用更寬頻率響應範圍的好音質錄音」。這一個因素也受到錄音帶或錄音磁頭的性能左右，但是與「將類比訊號轉換成數位訊號」的流程相比，錄音後的頻率響應特性，更接近於音源的原始音色。又因為轉成數位訊號的流程，會將原來的音訊轉成另一種完全不同的訊號，會導致單一頻率的缺口。

　　在此筆者也要介紹從以前到現在，印象最深刻的幾款類比式多軌錄音座。入行以來第一次接觸的 MTR，是 TASCAM 的十六軌錄音座 MS-16（**圖片①**）。本機種具有 DBX 降噪系統（noise reduction），以一吋錄音帶錄製十六軌錄音。以本錄音座錄製的 Gil Evans Orchesra

◀**圖片①**　一吋盤帶 16 軌規格的 TASCAM MS-16。可以在不損壞音質情況下錄製 SMPTE 訊號，磁帶轉速為 38cm／sec（1987 年上市）

◀圖片② OTARI MTR-90 是採用兩吋盤帶的 24 軌錄音座，在 1978 年上市後，又於 1981 年推出 MTR-90II，1990 年推出 MTR-90III，是類比式二十四軌錄音座的代表性機種

▶圖片③ 1970 年上市的 STUDER A80，有 2 軌／8 軌／16 軌／24 軌不同款式，至今仍有許多錄音室列為標準配備。全球銷售量超過 11,000 台

現場專輯《Live at Sweet Basil》，在推出當時以優秀的音質得到好評。

此外，還有 OTARI MTR-90（圖片②）、STUDER A80（圖片③）、A800 及 A820 等音質優秀的可靠器材。

■ 類比MTR的缺點

前面已經介紹了類比式 MTR 的各種好處，然而在我們的錄音作業之中，現實狀況是這類器材愈來愈少見。接著我們就要來看類比式 MTR 的壞處。

類比式 MTR 可以錄出自然的音質，但是保存時間也會對頻率響應特性帶來大幅變化。磁帶主要是把磁性粉末塗布在塑膠「基底」（base）上而成，當磁帶上的訊號被 MTR 的錄音／播放磁頭讀取的時候，造成的摩擦必定帶走一部分磁粉，對音質帶來影響。如果只錄音播放一兩次，還不成什麼問題，但經過仔細聆聽，大部分人還是聽

得出音質的衰減。在錄音現場的錄音次數（take），往往是請不同樂器一再錄製，除了切入（punch-in）以外，混音的時候也不斷迴帶重錄。錄一次音都會讓磁帶與磁頭接觸上百次，不難想像再高級的盤帶都會產生音質劣化的情形。

　　這類磁帶型的保存媒介，還有一種磁粉接著劑失去黏性，導致磁粉逐漸脫落，或是磁帶相黏難以剝除的宿命。通常會以壁爐或電烤箱為磁帶「加溫」，加熱過的盤帶可以重播一遍，趁著播放的時候，得盡快轉錄到別的保存媒介上。根據筆者的經驗，對盤帶這種保存媒介的信任度，還是要打一個問號，不耐久存可說是盤帶的最主要缺點。

　　對當今愈來愈複雜的錄音技術而言，類比式 MTR 的 24tr 規格也帶來許多不方便，例如在錄音室收錄鼓組，通常要為每一個單元都架麥克風收音，並且錄進不同的音軌，也就是所謂的「多點收音」（**例圖③**）。

　　但是當錄音座只有二十四音軌可用的時候，鼓組的收音就必須限制在二至八個音軌之間。又像是收錄三聲部合唱的時候，就必須把每個聲部的錄音複製合併成一至三軌，也就是所謂的「音軌合併」（ping-pong，**例圖④**）。使用類比錄音座的時候必須當機立斷，不可能像現在一樣可以將各種決定留到最後判斷，但是對筆者而言，這

低音大鼓①	低音大鼓②	小鼓（上）	小鼓（下）	腳踏鈸	筒鼓①	筒鼓②	落地鼓	鼓組置頂 L	鼓組置頂 R	環境 L	環境 R			～
TRACK 1	TRACK 2	TRACK 3	TRACK 4	TRACK 5	TRACK 6	TRACK 7	TRACK 8	TRACK 9	TRACK 10	TRACK 11	TRACK 12			

※通常收錄鼓組都會用掉十軌以上

▲**例圖③** 　鼓組的多點收音示意圖

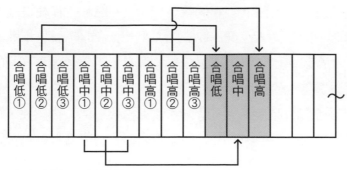

※把合唱各聲部一一複製到其他音軌後，便可以再利用原來的音軌錄製其他樂器

▲例圖④ 音軌合併示意圖

種「迫不得已的當機立斷」，其實在音樂性上反而能帶來更大的貢獻。

　　類比式MTR的磁帶轉速分為38cm／sec與76cm／sec兩種，個別可以收錄十五分鐘與三十分鐘的錄音。高轉速可以記錄較多的資料，不論在S／N比與動態範圍上都有較優秀的表現，但在物理性質上無法錄製超過十五分鐘的曲目。包括收錄時間在內，各種操作成本的開支之大，也可以說是類比式MTR在近年逐漸被業界敬而遠之的理由之一。

　　而關於音質較差的38cm／sec模式，則因為可以錄下實實在在的聲音，而得到業界的好評，在此也順便一提。從內部低頻頻率調整的觀點來看，76cm／sec很難錄下平整的低音曲線，50Hz前後甚至出現一點缺口。另一方面，由於高轉速帶來的速度感，也產生一種無法一概而論的「類比感」。

　　類比式MTR最要命的缺點就在「調整極難」上面。現在還在使用的類比式MTR，在得到新的盤帶之後，要先以基準帶或測試用音訊調整每個音軌的播放電平，再利用磁帶的空白段落調整錄音的電平。此外還要調整磁頭的偏壓（bias）等細節，所以如果錄音開始前一小時盤帶還沒送來，會讓錄音師焦頭爛額、如坐針氈。

再者，最近幾乎沒有再出新款類比式MTR，也愈來愈少廠商願意生產盤帶，所以近年來又有人開始檢討，類比式MTR是否能保持與以往一樣的最佳音質？把硬體零件的老化與零組件備品的保存狀況算進去，筆者認為現在已經成為一個無法再以類比式MTR錄音的時代了。原因正在於現在必須花費比以往更多的時間，進行類比式MTR的準備校正。

類比錄音也無法避開嘶聲（hiss）。多軌錄音座又加上許多音軌的分區，有時會帶來非常大的問題。為了防範未然，可以採取提高磁通密度（magnetic flux density）的錄音方式，或是套用降噪系統。降噪系統又分為Dolby A型、S型、Dolby SR（spectral recording）等方式，必須依照不同錄音而調整不同的降噪量。不同音源在經過降噪處理後，會產生不同的聲音特性，錄音工程師喜歡的降噪系統也因此有所不同。

此外，類比式MTR也難逃「訊號轉印」（ghost）的問題。由於磁帶不播放的部分都壓成一捲，帶子與帶子之間必會產生重疊（**圖片④**）。這時候有磁性的部分重疊起來，就會相互影響，並且將一層的音訊轉印到另一層。如果訊號轉印發生在曲子開頭前的空白部分，直接修掉即可，但如果在曲子中間比較安靜的段落出現的話，後面音量較大的段落就會隱隱出現，形成更大問題。為了要提升S／N比，而以較大輸入電平錄音的情況，更必須留意訊號轉印的問題。

◀圖片④　類比式盤帶因為磁帶間相互緊貼，常常發生訊號轉印的問題

■ 類比式MTR的使用注意事項

接著要依照類比式MTR使用上的注意事項，詳細介紹類比式MTR的特徵。

當一台類比式MTR的音軌不夠用的時候，通常會同步操作兩台（或更多）類比式MTR錄音。這種技巧的歷史相當悠久，據說披頭四當時先把一個50Hz的訊號錄在第一台MTR上，再透過這個低頻同步控制第二台MTR。

後來類比式MTR發展到24tr的時候，又常以SMPTE（Society of Motion Pictures and Television Engineers；制定單位「美國電影與電視工程師協會」的縮寫）訊號同步多台機器。通常會將同步訊號錄在第二十四音軌，並且透過ADAMS SMITH（System 2600）等同步器管理訊號（**例圖⑤**）。換言之，在使用同步器的時候，每一台MTR可用的音軌只剩下二十三軌，兩台實際使用的音軌數也就變成了46tr而不是48。此外，SSL或NEVE的主控台也靠SMPTE訊號控制電腦混音的自動化操作（automation），所以在兩台MTR沒有同步的情況下，也會記錄下SMPTE訊號。

類比式MTR也會發生一種未錄音音軌發出模糊的「嗚嗡嗚嗡」怪聲的現象，我們稱為「串音」（crosstalk），主要是當一個音軌的輸入電平過大時，多出來的訊號會漏到其他音軌（**例圖⑥**）。一般節

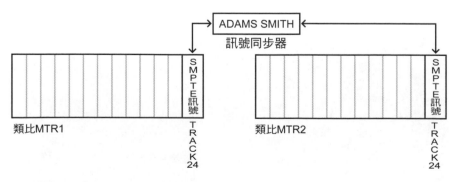

▲**例圖⑤** 類比MTR的訊號同步

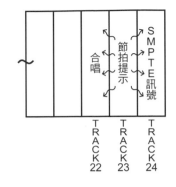

◀例圖⑥　使用類比 MTR 時必須注意
串音現象

拍提示音軌（click track）通常都會放在第二十三音軌，但如果提示音太大聲，往往會「灑」到第二十四軌的 SMPTE 訊號上。此外，在使用音軌合併以節省錄音軌數的時候，把第一軌到第四軌合併到第五軌的時候，可能會發生音訊回授的情形。如果第五軌的合併錄音「灑」到第四軌，就會使音訊傳遞形成一個閉路迴圈。為了避免悲劇的發生，業界有一句金玉良言「在來源音軌與合併音軌間，保留一個空音軌」。如果所有的音軌之間都發生這種串音現象，會讓錄音的品質愈來愈差，只要想到這是一台類比式 MTR，想必也就不難理解了。

　　至於我們為什麼要把 SMPTE 的訊號錄在第二十四音軌？因為磁帶的上下兩端容易丟掉高頻，而 SMPTE 訊號其實用不到什麼高頻，用在最下面沒什麼問題。同理，第一軌也常常用來收錄貝斯。

　　諸如此類累積許多前人智慧心血的類比式 MTR 操作技巧，其實還有一堆。光是這些技巧就可以確認，沒有經驗的人，根本很難直接以類比式 MTR 錄出好音色。

▶ **數位式 MTR**

　　做為取代類比式 MTR 上市的數位式 MTR，以一種完全不同的方式記錄音訊。數位 MTR 必須先將音訊轉換成數位訊號（0 與 1），才

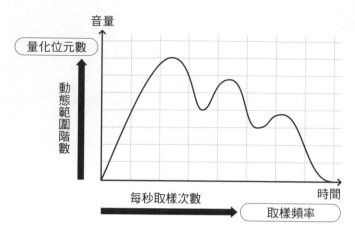

▲**例圖⑦** AD 轉換中的量化位元數與取樣頻率

儲存到磁帶上。播放時必須再把數位訊號轉換回類比訊號，我們才聽得到所錄的音。比起類比錄音，數位式 MTR 多了一道類比轉換成數位的程序，可說是數位 MTR 最大的特徵。類比數位轉換器的性能，也左右了每一台數位 MTR 的音質。

　　類比→數位轉換採取的是 PCM 方式（也用於 MD、CD、DVD 等媒介上）。CD 的聲音規格是 16-bit／44.1kHz，16-bit 指的是「量化位元數」，44.1kHz 則是「取樣頻率」。取樣頻率指的是每秒對類比訊號的取樣次數，量化位元數則是動態範圍的分格數，請各位讀者記得。CD 就是每秒四萬四千一百次取樣，動態範圍分為六萬五千五百三十六（2^16）格，取樣頻率愈高、量化位元數更大，則可以想成數位訊號收錄的原音更接近自然音色（**例圖⑦**）。

　　數位 MTR 一樣分為許多機種，最具代表性的機種應該算是 SONY PCM-3348（**圖片⑤**）；規格上錄音可錄 16-bit／44.1kHz 或 48kHz 兩種規格，而且可錄四十八軌，上市年代則是一九八九年。前驅機種 PCM-3324（24tr 規格）於一九八二年推出以來，各大錄音室便逐漸將數位式 MTR 列入正式裝備，PCM-3348 的推出則像一記決勝的全壘打，使日本絕大部分的專業錄音室都看得到本機種。

◀ 圖片 ⑤ 1989 年上市的 SONY PCM-3348 數位式 MTR。48tr 的規格在業界風靡一時，成為日本錄音業界的標準 MTR 王者。無奈寶座已經被 DAW 搶走

　　然而到了現在，不論是 PCM-3348 還是支援 24-bit 錄音的次世代機種 PCM-3348HR 都已停止生產，DAW 取而代之成為時代的主流。但儘管 DAW 當道，數位式 MTR 仍然活躍於新作的錄製，以及舊專輯的重新混音（remix）等各式各樣的情況。所以建議身為錄音工程師最好還是掌握一些數位式 MTR 的知識。

■ 數位式 MTR 的優點

　　接著讓我們來看看，數位式 MTR 為什麼得以席捲專業錄音室。

　　數位式 MTR 最大的優勢，應當就是錄音的資料，訊號音質幾乎不會變化。記錄在磁帶上的訊號只有「0」與「1」這兩個數字組成的「二進位次元」（binary bit）資訊，比較不容易受到錄音媒介的失真或雜訊影響。數位式 MTR 更具備了錯誤修正功能，即使發生錯誤多半也可以修正回來。因此數位式 MTR 在錄音後的音質變化才會這麼少。類比時代往往考慮到音質的劣化問題，而在錄音時強調高頻的補強，到了數位時代則可說是一種巨大的變革，可以用自己滿意的音質錄音的時代已經來臨。

　　此外，音軌間不再有串音問題，也是進入數位式 MTR 時代後遲來的紅利。正因為不再擔心串音導致音質劣化，整合的音軌可以全部移動到隔壁的音軌，而不需空出一軌，我們可以說在多軌錄音的運用上帶來更大的使用自由。

在PCM-3348的本體主要是靠RAM存取輸入音訊，所以也可以拿來當取樣機使用，意思就是可以輕鬆地把一個段落的合唱音軌，複製套用在另一個段落上。這種被稱為「剪貼」（fly-in）的程序，過去在類比時代則需要動用另一台錄音座，將所要段落錄下，再複製到目標段落，是一件相當繁複的工程。數位時代則只需要一個按鈕，堪稱是劃時代的創舉。如果有音軌錄壞了，還可以用重錄的段落直接取代，也是數位式MTR內部就能執行的功能。

與類比式MTR相比，數位式MTR的細部調整也經過相當的簡化。各音軌的電平調整，幾乎只需在維修的時候進行，盤帶本身也可以記錄控制訊號，可以更精準地管理錄音的時間碼。如此一來，只要有磁帶，不管到了哪一間錄音室，都可以播放出一樣的錄音，並且管理一樣的時間碼。PCM-3348使用二分之一吋的盤帶，重量減輕大幅增加了機動性，也可說是一大優勢。不同的取樣頻率（44.1kHz／48kHz）帶來時間上的差異，一捲盤帶大致可以記錄三十分鐘左右的錄音內容。相較於類比式錄音座的76cm／sec，可以錄製兩倍時間。

■ 數位式MTR的缺點

數位式MTR看起來好像十全十美，但對於習慣類比時代手法的錄音工程師而言，使用時卻處處碰壁也是不爭的事實。在數位錄音全盛的今日，筆者認為為了在日後的錄音工作提供參考，理解類比錄音過渡到數位錄音期間的問題，也是一件重要的事。

類比錄音時代重用的磁帶壓縮特質，到了記錄方式完全不同的數位式MTR，則完全無法呈現。在類比時代以VU計（**圖片⑥**）監看的訊號電平，當訊號到達「+3」時，音訊就會開始失真，也成為音訊強度的判斷基準。這時峰值（peak）指示燈就會開始閃爍，光是這樣磁帶還不會錄到破音，但更大的電平則會。

另一方面，數位錄音只能從峰值計（**圖片⑦**）監控電平高低。原因無他，當數位訊號的峰值紅燈亮起，得到的是與類比磁帶飽和效果

▲圖片⑥　許多類比器材上都設有 VU 計

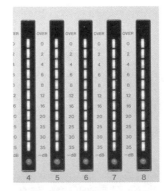

▲圖片⑦　峰值計是監控數位器材音訊不可或缺的工具

完全不同的數位噪音。換言之，錄音工程師再也不能透過錄音座製造失真的效果，一開始大家都顯得束手無策。怕看到峰值小紅燈會亮，會拉低整體電平；怕整體太小聲，把輸入電平拉大，又會因為過載失真產生數位噪音，諸如此類的問題都必須找到對策。

　　例如在收錄鼓組時，可能先以類比式 MTR 錄音，並且減少超過峰值的部分，才把錄音轉拷到數位 MTR 上。

　　類比時代的技術派不上用場，是數位式 MTR 的主要缺點。例如數位 MTR 就不能製造反轉回響（reverse echo）效果。這種效果在類比錄音的時代，是利用反轉播放磁帶，套用殘響或延遲後，再將效果音錄在空音軌上而成（**例圖⑧**）。數位式 MTR 無法反轉播放，無法在機器上直接產生這種效果，所以必須另外準備取樣機等外接器材。這種反轉回響，至今已經可以在許多數位殘響效果器裡找到數位演算而成的預設組，可見當時對業界帶來的衝擊之大。如果各位讀者還沒有聽過這種效果，建議可以用手邊的器材試試看。

■ 數位式 MTR 的使用注意事項

　　此外，也因為數位式 MTR 很難管控峰值，使得錄音基準電平無從掌握。一般會問及峰值以下多小的幅度才是 0VU（+4dBu），一開

081

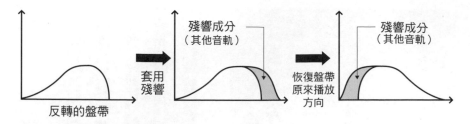

殘響成分
（其他音軌）

殘響成分
（其他音軌）

套用
殘響

恢復盤帶
原來播放
方向

反轉的盤帶

▲**例圖⑧** 反轉回響的製造法

始業界也設定在數位式MTR的出廠設定值-20dBFS，但依照這個基
準值，當音訊電平達到峰值的時候，電子訊號的流量又到達+24dB，
即使對一般認為能承受大音量的NEVE主控台而言，也是破表邊緣的
訊號量，到頭來連主控台都有可能產生訊號失真的情形，最後日本終
於將最小錄音電平定為-16dBFS（從美國寄來的錄音母帶，有
-18dBFS的也有-20dBFS的）。

　　剪接磁帶比類比式盤帶困難，也是首要的注意事項之一。類比盤
帶即使剪錯段落，也不難再接回去，簡單的黏貼通常都可以復原，可
說相當包容；數位式MTR用的盤帶也可以放在剪接台上處理，但是
要求在剪接上具有相當高的精度，是一種非常緊張刺激的作業流程。
以同樣的同步時間碼操作兩台錄音座，可以編輯所有音軌，但是要談
到剪接的難易度，類比式MTR還是占了上風。

■ **小型數位式MTR**

　　在類似PCM-3348之類的大型數位式MTR普及化的同時，一九
九〇年前後也開始出現以錄影帶為主要儲存媒介的小型數位式
MTR，甚至對音樂的創作風格帶來影響。以S-VHS錄影帶為媒介的
ALESIS ADAT（**圖片⑧**）或使用Video 8（八毫米帶）的TASCAM
DA系列都是代表。錄影帶更方便攜帶，又具備大型機座的優點，讓
在小錄音室、家庭錄音室等所謂「專案錄音室」（project studio）創
作而成的專輯逐漸受到矚目。

▲圖片⑧　使用 VHS 錄影帶記錄 8 音軌 20 位元數位訊號的 ALESIS ADAT XT20。ADAT 系列的音色，到了現在仍受許多樂手喜愛

　　以數位訊號而言，其實專業錄音室與自宅錄音的內容沒有區分。所以今日直接把自宅錄音當成專輯內容的潮流，可以想像成是從錄音器材小型化的時間點開始。當然過去也有同樣的作法，但專業的錄音室畢竟與自宅錄音壁壘分明。自從宅錄風潮興起之後，大型錄音室就變成有需要才會去的地方。樂手在自己家裡悠然自得狀態錄成的演奏素材，也可以當成專輯收錄的曲目。有需要的時候，再去錄音室把弦樂編制的錄音加進去，接著去比較小的錄音室混音。這種傾向可說促成了各種功能的小型錄音室不斷成立。在 DAW 發表之後，這種分流化的趨勢變得更明顯。

　　使用錄影帶的數位式 MTR，儲存媒介又被硬碟機取代。在 DAW 全盛的今日，也以現場演奏為主要的發展空間。

　　以前在現場錄音的時候，可能會出動兩台設置 SONY PCM-3348 的轉播車，但自從有了 TASCAM X-48MKII（圖片⑨）之類的小型機器之後，要錄出高品質的現場錄音，也就不必那麼大費周章。尤其最近幾年的現場錄音往往是「先求有，再求好」的情形，小型的 MTR 更顯重要性。在混音的時候，也可以把 WAV 格式的錄音檔簡單輸入進 DAW，使用上相當方便。

▶ 主控錄音座

　　前面曾經提到，早期直接以錄音機錄製演奏。但是當錄音座演變

◀圖片⑨　TASCAM X-48MKII 是一台結合 48tr 硬碟錄音座與 48ch 控台的小型數位式 MTR，可以同時錄製 48 軌 32-bit／96kHz 的音訊。錄音狀態下每 5 秒就保存一次檔案，可以放心使用在現場錄音作業上

成多軌規格以後，分布在不同音軌的錄音，必須集中錄在單聲道或立體聲的主控錄音座，一般稱為「主控混音」（mix-down）。完成的混音母帶會被送到母帶生產預備錄音室，做成 CD 生產用的母盤。

　　現在的 DAW 可以透過音軌合併完成混音，但是一個錄音工程師最好知道各種主控音軌的混音方法。接著要簡單介紹這些器材。

■ 類比錄音座

　　時至今日，仍有不少錄音工程師喜歡用類比 2tr 錄音座錄製混音。主控混音用的錄音座通常使用四分之一吋或二分之一吋的磁帶，動態範圍上的表現遠遠大過多軌錄音座，可說是最大的特徵。

　　又因為機器採用純類比電路，不同的機器都會產生不同的聲音質感，也是受歡迎的理由之一。因應不同的藝人與演奏風格，可以使用不同品牌的錄音座或盤帶，也可以找出錄音的基準電平。換言之就是在音訊電磁化的過程中，可以調整音樂的魄力。錄製時會參考調校帶（錄音狀態下磁通量為 250nWb／m），並調整出 0db 的基準電平。調校作業可以讓錄音工程師找出可以將盤帶的錄音推到多滿，控制動態的強度與倍頻的多寡，並將微妙的變化當成一種「個人風格」，在過去是許多專輯聽得出來的手法，至今也有不少人愛用。這類器材的另一特徵，則是可以調整偏壓（bias）以帶出錄音帶的特性，類比兩軌錄音座的代表性機種，則包括 STUDER A80、A800、AMPEX ATR-100（圖片⑩）等。

▲圖片⑩　AMPEX 公司製造的 ATR-100 是 AG-440
系列的後續機種（圖片提供：Studio System Lab）

■ 數位錄音座

　　數位式主控錄音座與類比式不同，音色變化少，反而成為一大優
勢。如果外接 AD 轉換器或 DA 轉換器，也可以聽到與錄音座內建轉
換器不同的音色。單機與 DAW 理論上共通。但刻意以不同 AD ／ DA
轉換器試聽，也是數位時代才有的手法。

　　筆者自己最早接觸的數位式主控錄音座，是前面提到的 SONY
PCM 系列中的 2tr 款式 PCM-3402。Nav Katze 樂團一九九一年第一張
主流專輯《歡喜》，就是以 PCM-3402 錄製；同一年發行的第二張專
輯《新月》則以 PCM-3348 的兩個音軌錄製主控混音。DAW 預設的
「MTR 內建主控音軌」功能，其實也從這個時候才開始出現。但是
由於 PCM-3348 體積太大不適合用於主控混音的錄音，還得動腦筋把
PCM-3348 搬到母帶生產預備錄音室外面，才順利完成主控混音的錄
音。

　　PCM 系列之中，有一款 DMR-4000 時常與 PCM-1630（**圖片⑪**）
搭配成為主控錄音系統，這套系統通常用於母帶生產預備錄音室，做
為 CD 壓製用的資料片。資料保存媒介是 U-matic 規格的錄影帶，它
的優點是以這種機器錄製的混音帶，在剪接室編輯後，即可作成 CD
壓製用母帶。

　　也曾經有一段時間，不少母帶都以 DAT 錄音座錄製。DAT 原來
是對一般市場發售的消費性電子產品，但因為音質優秀，也被用於專

◀圖片⑪ 使用 U-matic 錄影帶的
數位主控錄音座 SONY DMR-4000
與 PCM 處理器 PCM-1630，可在許
多母帶生產預備錄音室見到

業錄音室。雖然音質上並非零失真，在失真的部分卻比數位盤帶自
然，因而變成筆者喜歡的儲存媒介。現在比較不常採用，但大部分專
業錄音室都會配備 DAT 錄音座。

　　在數位式 MTR 與 DAW 項目裡還沒提到的另一種數位錄音座，
採用的是 DSD（Direct Stream Digital）格式。這種格式與 PCM 不同
之處，在於記錄的資料是波形濃淡而非既有的點狀訊號，所以可說是
一種「非常接近以磁性變化記錄類比訊號的數位方式」，也用
於 SACD 的資料記錄上。DSD 格式比 PCM 更能保有音源的動態範
圍，頻率響應的範圍也更寬，近年也常常用於主控混音的錄音。

§

　　主控錄音座是漫長錄音作業最後部分的關鍵器材，不論演奏多優
秀、混音多巧妙，只要少了好的錄音器材，一切都白費力氣。各位讀
者一定要謹慎地選用主控混音用的錄音座。

SUMMARY

☞ 主控錄音座總整理

○ 種類從類比到數位應有盡有
○ 左右成品音質，選擇時務必慎重

DAW

　　前面為了要盡可能介紹各種器材原來的樣子，就把關於 DAW（Digital Audio Workstation，數位音訊工作站）的描述減到最少。但是各位讀者也知道，實際上有許多作業流程中已經統合進 DAW 裡。

　　前面已經介紹過許多器材，所以在此還是要鄭重介紹 DAW 的組成。

▶ DAW 就是虛擬錄音室

　　照著前面的脈絡，已知進入數位時代之後，音訊不再以磁帶之類的類比媒介記錄，而直接寫入硬碟，也象徵錄音進入電腦程式 DAW 的時代。揭開電腦錄音序幕的始祖，是一九八九年上市的蘋果電腦專用 2ch 錄放音系統 DIGIDESIGN Sound Tools。在此之前，曾經有 CMI FAIRLIGHT 或 NEW ENGLAND DIGITAL Synclavier 兩種怪物級取樣系統，我們幾乎可以想像「把取樣機容量變大，並且讓它可以多軌錄音，就變成 DAW 了」。但是 FAIRLIGHT 與 Synclavier 都太過昂貴而無法普及，才會讓以電腦執行的 DAW 有大行其道的機會。在電腦上執行 DAW，可以同時處理音訊與 MIDI 訊息（編曲用指令），也包括了外接效果器與主控台的功能，甚至還內建音源，可說是名副其實的「虛擬錄音室」（**例圖①**）。

　　現在的 DAW 分為兩種，一種是 DSP（數位聲音處理器；Digital Sound Processor）或音效介面搭配電腦軟體使用的 DSP 型，一種是以電腦 CPU 運算訊號的 CPU 型（又稱原生型 native，**例圖②**）。專業錄音室通常以 DSP 型為主，但最近隨著 CPU 運算速度的提升，原生

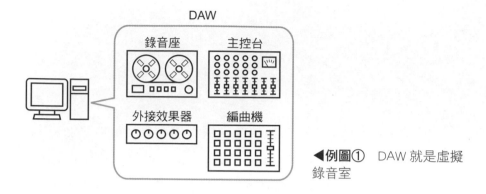

◀例圖① DAW 就是虛擬錄音室

型也逐漸被更多人使用。最近有愈來愈多樂手使用原生型DAW，如果搭配筆記型電腦使用，會相當節省空間，這也是 DAW 的好處之一。

　　DAW 的最大特徵，莫過於隨機選取（random access）了。以前從一首曲子的結尾轉回開頭，在類比式 MTR 的時代可能需要「抽一根菸」的時間，到了數位式 MTR 的時代可能縮短到「點一根菸」的時間。使用 DAW 因為只剩下硬碟處理檔案的時間，整個流程已經快到「才要伸手拿咖啡杯」的地步（也幾乎可說是一瞬間）。可以瞬間移動到任何想聽的時間點，也意味著剪接上有更多的自由。

　　磁帶媒介意味著必須依照時間軸進行編修作業，DAW 則不再依

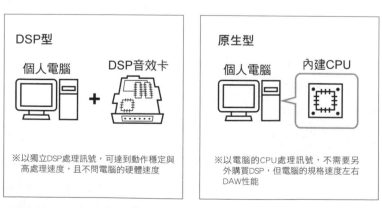

▲例圖② DSP 型與原生型的不同

賴時間軸，可以進行非線性（non-linear）剪接。更因為這種特性，使得錄完所有聲部後大幅改變曲子架構、將段落 A 的合唱複製到其他段落、編修原來錄音的樂句成為另一段樂句等工作，都變得易如反掌。接著來看音樂製作在導入 DAW 後如何改變。

■ DAW 的優點

在電腦上執行的 DAW 的第一個優點，就是可以隨時追加新功能。類比器材如果要增加新功能，都必須購置新硬體，但在電腦環境下，只需要增加所要的程式就可完成。一間專業錄音室總是需要最新的技術，而容易更新更是採用 DAW 的一大要因。

另一個優點就是所有的操作參數都可以隨時開啟。在錄音室的作業中，往往有執行好幾首曲子的情形，而 DAW 可以讓工作速度大幅提升到過去難以想像的程度。例如你開啟一個演奏錄音（session）的專案，就可以馬上叫出昨晚下工前控台的所有設定。過去日本的演奏錄音，在製作混音母帶的時候，並不盛行重新開啟錄音時的設定。但是海外的錄音室，幾乎每次都一定會叫出錄音當時的設定。日本的演奏錄音一定會每一首歌換一捲錄音帶，並且調整控台內部的配線與旋鈕、推桿的位置……錄音開始前，都會花個十五分鐘至一小時的時間進行作業區隔（interval）；在使用 DAW 的情況下，則可以完全不需要這些區隔作業，並可以叫出上一次錄音作業的所有設定，可稱得上是一種完全改變音樂創作遊戲規則的系統。

也因為非線性作業省卻許多迴帶時間，樂手幾乎不需要留在錄音棚裡待命等機器轉完，可以讓更多的巧思在錄音室裡激發出火花，並減少靈感在等待間消失無蹤的遺憾。

如同前面所說，現在有愈來愈多樂手都擁有自己的 DAW 系統。所以他們可以把自己在家裡的錄音成果直接交給錄音工程師，並且在錄音室裡直接進行混音，這樣的作業方式最近已成理所當然。在 ADAT 普及的時代，就已經出現了「前期製作」（pre-production）這

個名詞，宅錄與錄音室的正規錄音作業之間的界線也愈來愈模糊。到了DAW時代，大部分錄音資料的格式其實共通，可以說讓宅錄與正規錄音之間的區分近乎於無形。

最後要提的是畢其功於一役的DAW，又依其節省空間的特性，具有更大的機動力，甚至可以不限錄音場所。換言之，可以與樂手一起在錄音棚裡錄音。當一開始主控台與錄音座還是實體的時候，錄製原音樂器等音色，必須要完全隔離在主控室裡操作；但是使用DAW的錄音作業，就可以與樂手在同一個空間裡錄音，一方面容易溝通，另一方面也可以讓樂手避免過去主控室與錄音棚間一來一往帶來的「重來一次」挫敗感。錄音的時候當然必須留意DAW器材的聲響，但總而言之都算是一種新的錄音樣式。

■ DAW 的缺點

如果要提及DAW的缺點，那又會是什麼呢？筆者最不能苟同的地方，就是DAW的「隨機選取」與「非線性」本質。

因為DAW可開的音軌數量沒有上限，也就不需要像類比式MTR一樣又要縮減鼓組軌數，又要合併音軌。MTR看似方便，同時也意味著音樂上優先順序的決定權愈來愈低。

所有的錄音都會變成素材庫的一部分，大家若養成「總之錄了再說」或「可以錄出這樣的音，就拿來用了吧」之類的習慣，就會以為後來可以像下廚一樣，晚點就可以隨心所欲地調理，對音樂性而言到底算不算一種加分？音樂本身並不是非線性進行，一首曲子也是各種線性的連結，由此觀之，如果音樂裡過度強調DAW的非線性特質，音樂的本質恐有逐漸消失的危險。

在DAW日漸普及之後，只有工作效率被擺在前面，打個比方來說，就像是「總之，先錄結尾就好」之類的態度。縮短工作時間固然是件好事，但創作音樂上的辯證思考時間也因而縮短，在音樂層面就會帶來扣分效果。這個時代，我們是不是應該重新思考在音樂上如何

看待時間的運用呢？

■ 作業時的取樣位元數與頻率

使用 DAW 工作，可以選擇各式各樣的取樣位元數與頻率。這時候我們只要記得：取樣位元數與頻率愈高，音質當然也就愈好。常常有人主張：「搖滾用 16-bit／44.1kHz 錄就好！用不著什麼高音質！」而筆者並不這麼認為。因為不同的取樣頻率帶來的音質當然不同，我可以斬釘截鐵地說：「當然要！」如果最後母帶的規格是 16-bit／44.1kHz，在混音階段使用比較高的取樣頻率，可以保留較大的動態範圍，是比較務實的作法。如果有高取樣位元數／頻率的主控台，想必各位就能感受到音質上的明顯不同。

此外，以 Pro Tools 而言，檔案規格與插件都是 32-bit 浮點運算，但到了音訊匯整箱（summing box）的部分，則採用 64-bit 的浮點運算，筆者接觸時受到很大的衝擊，連整個工序都因此改變。就算在混音時把聲音都混進去，都還沒有發生訊號飽和現象，音場更廣，像在音控台工作。在 DAW 帶來更寬更廣音場的同時，以過去的習慣反而很難混出整體感，當時讓我頭痛不已。電腦的出現，竟能為錄音工程帶來如此激烈的變化，筆者還是覺得對音樂發展而言，是一大進步。

■ 以 DAW 製作混音母帶

使用 DAW 時，即使不另外準備主控混音用的錄音座，也可以在程式內完成合併主控混音。混音方法有兩種：①直接混成兩頻道聲音檔案、②連接外部機器錄製成新音軌。筆者多半使用方法①。

如果要由主控混音製作母帶，甚至可以跳過 DAW 合併混音的流程，只要錄音檔案包括效果插件或外接效果器，就可以直接把整台筆記型電腦帶進母帶生產預備錄音室。正因為 DAW 可以完整叫出過去保存的演奏錄音，便能夠在母帶生產預備錄音室的主控台不斷試播兩頻道混音，不論如何都是母帶需要的檔案。

◀圖片③　McDSP ML4000 是連筆者也愛用的
極大化效果器

■ 如何與音壓極大化效果器打交道

　　音壓戰爭如火如荼地展開，現在連 DAW 都把音壓極大化效果器
（maximizer）列入標準配備。各種錄音紛紛在錄音時在線路上串接
極大化，在各頻道監聽上串接極大化，在主控聲道上串接兩段極大
化……看到大家如火如荼地極大化，在此還是要提醒大家，切記極大
化是一種猛藥。我接過一個粗混（rough mix），如果把最大化效果
抽掉，主控聲道的峰值計馬上少掉 20dB，當場大吃一驚。

　　這時候我把音軌都推回基本位置，並重作一個 VU 計指針維持在
0VU 的混音，才把最大化效果加進去。這時候就可以仔細聆聽錄音
或混音過程中精心累積的動態與表現力，確認在套用最大化之後，又
會產生何種變化？

　　多頻段款式的最大化效果，會影響整體頻率的平衡，更是猛藥中
的猛藥，使用上更要特別小心。你得停下來站在作曲家或是樂手的角
度想想看：這種音色上的變化是他們想要的嗎？身為一個樂手，本來
就應該自己主宰演奏的音量與平衡，錄音工程師更不能一廂情願地亂
加變化。

■ DAW 的問題點

　　DAW 的確帶來各種便利的功能，但是筆者最近感受更深的是，音樂人如果只想在 DAW 裡完結一切，會形成一個很大的問題。換句話說，就是 DAW 的使用目的，已經不是製作更好的音樂，而是讓所有工作都能在 DAW 裡完成……即使一個錄音使用外接效果器的質感絕對更好，卻因為怕資料難以救回而採用插件效果，就是出自這種思維。在錄製歌唱音軌的時候也一樣，明明用類比控台比較有效率，音質也比較好，「從錄製人聲到混音都在 DAW 內建混音台完成」的手法卻愈來愈受到重視。這樣一來，就很難在錄音的時候新增殘響，或是微調監聽喇叭的平衡，最後甚至對於歌手表現的捕捉都會帶來負面影響。此外 DAW 容易遇到訊號過載，也無法應付突如其來的音量變化。在這層意義上，不應該讓自己掉進 DAW 至上主義的窠臼，活絡思考並打造出一個結合外接效果器或類比式控台的環境，是我們可以努力的方向。

　　自從錄音室開始引進 DAW 以來，已經過了十幾二十個年頭，版本的更新可能造成舊版下的專案與新版不相容之類的問題，也是我們必須探討的問題。舊版的專案，在新版可能打不開，這種問題可能需要將每一個音軌都輸出成個別的聲音檔案，但事實上錄音現場卻往往不會想得那麼仔細。在不久的將來，我預測一定會發生類似「想要重新混音一張專輯，卻打不開專案」的問題。整個業界都必須思考一種能因應將來變化的資料封存對策。

　　另一個注意點在轉換介面，也就是 AD／DA 轉換器的部分。與類比式 MTR 一樣，如果不能調整輸出入的電平，就無法留下正確的錄音。即使是號稱不需要調校維修的 DAW，也不可能免除調整內部電平的責任。

　　此外，還有使用者對電腦維修的知識（後述）。在一般人也能輕鬆操作電腦的現在，靠 DAW 吃飯的專業人士更沒有不懂的道理。所以光是像以前一樣熟知各種錄音相關器材，已經顯得不夠了。因為你

是一個錄音工程的技術人員，當然有需要擁有所有技術上的知識。

▶ 關於電腦

　　理解電腦的運作方式，對錄音工程師而言極為重要。個人推薦的是《現代新教養個人電腦入門——電腦的心情故事》[1]，這是一本以擬人化手法深入淺出解說電腦如何運作的書，相當值得參考。

　　接著，讓我們從電腦的運作思考關於DAW的操作注意事項。

■ 小規則

　　在開始使用電腦的時候，最基本的規矩就是不要把錄音專案、OS與應用程式裝在同一個硬碟裡。以現在電腦的高性能而言，就算放在同一硬碟也可以順利運作，但是不放在同一硬碟，對電腦的負擔會比較少。

　　此外也必須留意檔案命名，凡是斜槓（／）、句點（.）或分號（;）都不能用於檔案名稱上，尤其Mac用戶用起來沒問題的檔案名稱，在Windows系統下卻有可能無法讀取，請各位讀者務必留意。

　　同樣要注意的是避免使用包括日文在內的亞洲文字。即使現在大部分DAW都推出日文版，與海外的錄音室交換檔案時，還是可能造成對方無法讀取的問題。此外，在軟體升級之後，一開始使用的時候也可能發生無法讀取2bytes編碼文字的情形。檔案可以讀取，但是開啟後再儲存，可能就會冒出錯誤訊息……我們也必須慎防類似的狀況發生。

　　對Mac使用者，則強烈建議每次工作前執行「修復磁碟權限」

1　《新教養としてのパソコン入門～コンピュータのきもち》，山形浩司，ASCII新書。

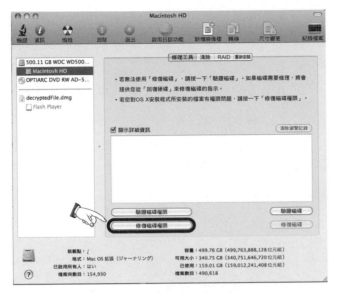

▲**例圖④**　開始工作前必須養成「修復磁碟權限」的習慣（此為舊版）

程序（**例圖④**）[2]。我們可以從「應用程式」視窗的「工具程式」裡找到「磁碟工具程式」，並且對錄音專案保存的硬碟執行「修復磁碟權限」。有時候一些人的 DAW 突然無法錄音，臨時打電話找筆者求救，我進錄音室只修復磁碟存取權限，就可以解決問題照常使用。建議 Mac 用戶在每次操作 DAW 之前都執行一遍。

■ 可以比較、無法比較的地方

　　關於電腦軟硬體，至今已經有許許多多像都市傳說一樣的意見：DAW 每次播放的音色都不同、不同作業系統的版本音色都不同、硬碟機廠牌不同音色都不同……那我們又應該如何判斷呢？

　　首先，我們要思考比較的條件基礎是否高度相關。例如在證實「DAW 每次播放的音質都不一樣」這個傳聞的時候，把電源與電壓

2　這段敘述是 2010 年代初期作業系統上的程序，目前的磁碟工具程式選項已有變更。

的狀態、氣溫、氣壓……等條件都算進去，嚴密比較之下即可讓傳聞不攻自破。套用在應用程式或作業系統的新舊版本上，也可得到相同的結論。音質的提升可能還是因為在上一次作業系統更新的時候，連存取權限都跟著修復；反之，音質劣化也可能是初期設定有那裡出了問題，並在被忽視的狀態下繼續工作所致。

當你覺得音質變化得過於誇張，第一個想到的應該是：你的電腦只負責幫你執行命令。當你的電腦開始出現不正常現象，一定是你什麼時候下了奇怪的命令。

SUMMARY

☞ DAW總整理

○ 使用電腦，別被電腦牽著鼻子走
○ 如果聲音變成你不想要的樣子，第一個先找出操
　作的失誤

監聽喇叭

　　錄音混音用的「監聽喇叭」（moniter speakers）通常會與一般家庭欣賞CD唱片用的「鑑賞喇叭」（listening speakers）進行區隔。本節將介紹監聽喇叭必須具備的要件，以及錄音工程師實際的使用方法。

▶ 監聽喇叭是聲音的出口

　　錄音與混音作業象徵著「把聲音記錄在錄音媒介上」，理論上是記錄最好的聲音，但最好的聲音又如何判定呢？必須從主控台的喇叭播放出來，才能判斷是不是最好的聲音。

　　由此可知，不能播放正確聲音的喇叭，並不適合用來監聽。換言之我們可以想成：監聽喇叭必須符合「發出所有頻段的音頻」的條件。鑑賞喇叭可能還只需要符合「播放音色有爵士味」之類的選擇基準，但是監聽喇叭不可能單憑一種類型判定。假如在工作過程中有聽不出來的頻段而一直被忽視，又會如何？又假如今天只想製作頻率響應窄的曲子，監聽喇叭的頻率響應特性如果不夠平坦，就無法判斷曲子音域會有多窄。如果錄音被所用監聽喇叭的頻率限制左右，也就無法隨心所欲創造出想要的音色。監聽喇叭需要的第一個條件，就是平坦的頻率響應特性。

　　監聽喇叭的需要的第二個條件是耐久性。不同於家用喇叭，專業監聽喇叭往往要以大音量播放，如果再把未壓縮音源的播放加入考量，高輸入功率也有其必要。

　　最後，清楚的音場定位也是監聽喇叭的必備資質。定位旋鈕往

右，音像馬上往右偏，這種理所當然的現象，反而很難在家用鑑賞喇叭上確認。與前述的頻率響應範圍一樣，音場的廣度與音像定位，都會影響混音的品質。

SUMMARY

☞ **監聽喇叭的條件**

○ 平坦的頻率響應特性

○ 耐久性

○ 定位的易於辨認

▶ 大型喇叭與小型喇叭

只要能符合以上條件的喇叭，就可以成為錄音室的監聽喇叭；監聽喇叭又可以區分為兩種尺寸。如果各位讀者看過錄音室的照片，必定可以發現一種嵌入牆壁的大型監聽喇叭，或是直接擺在控台平面上的小型監聽喇叭（又稱近場監聽喇叭 near-field monitors）。

讓我們來看看這兩種監聽喇叭有何不同。

大型監聽喇叭指的是音量與頻率響應範圍都足夠的監聽喇叭。這種機種的特徵，是用來確定原音樂器突然的強奏或雜訊電平等參數值，所以往往以大音量驅動。

大型監聽喇叭尤其是各家錄音室引以為傲的主力器材（**圖片①**），錄音室的工作人員每天都會細心調校，擺設上也堪稱經過精心規劃。大部分情況，都會在設計期間選定喇叭，並為主監聽喇叭調整空間。原因無他，正由於大型監聽喇叭的聆聽點（listening point）離本體更遠，播放出來的聲音容易被空間影響。不同主控室的音響特性，也與錄音棚的特徵相符，則意味著每一個錄音工程師，只要進了

◀圖片① 擁有 38 疊（62 平方米）大面積的 SoundCity 世田谷 Studio 的主控室，最前面的主力喇叭是 GENELEC 1035B，主控台採用 FOCUSRITE（72in48out）＋ GML Automation Fader System

一間沒去過的錄音室，就有必要習慣主控室的音響特性，以及大型監聽喇叭的音色。

　　主要的大型監聽喇叭廠牌，以前有 TAD 與 WESTLAKE AUDIO（圖片②），最近則是 PMC（圖片③）與 GENELEC（圖片④）被許

▲圖片② WESTLAKE AUDIO TM-3 是 3 音路大型監聽喇叭，TM-1 的後續款式，如今仍有許多錄音室採用

◀圖片③ 同公司豐富產品種類中具有最長內建傳送路徑（transmission line）的旗艦款 PMC BB5。3 音路系統搭配採用 24dB／oct 高斜率的分頻網路，形成單體間頻率干涉低的特徵

◀圖片④ GENELEC 1036A 具有 136dB 的高 SPL，是一款強力喇叭。音箱容量 430 公升，內建 3 音路 5 單體

多錄音室使用。

另一方面，小型監聽喇叭往往被擺在離錄音工程師比較近的位置，所以可以用比較近的距離聽到直接音，並且減少播放空間的影響。小型喇叭本來設計成居家環境小音量播放用途，現在往往被開到近乎大型喇叭的音量，有許多錄音工程師大部分時候只用小型監聽喇叭工作。許多錄音室都有常設型的小型監聽喇叭，但也有錄音工程師出門工作自備小型監聽喇叭。所以對專業錄音工程師而言，找到一對合用的小型監聽喇叭，比其他環節更重要。如果沒有搞定喇叭的問題，工作就無法進行，可見小型監聽喇叭的重要性。

實際使用的款式，又以向來受到錄音室重用的 YAMAHA NS-10M（**圖片⑤**）為代表，在本機種停產後，有無數機種想要取而代之。

此外，主動式（active；內建電源與前級擴大機）監聽喇叭也愈來愈多。主動式監聽喇叭可以讓錄音工程師不必考慮自備喇叭與錄音室監聽前級的相性，以達到更精確的監聽。筆者自己習慣帶 YAMAHA NS-10M 的接班機種 MSP7 Studio（**圖片⑥**）去錄音室工作，其實市面上可看到類似 GENELEC 1031A 或 FOSTEX NF-1A（**圖片⑦**）之類的機種。

▲**圖片⑤** 小型監聽喇叭的代名詞 YAMAHA NS-10M Studio。可惜現在已經停產，有許多廠商爭奪業界標準喇叭的霸主繼承權

▲**圖片⑥** NS-10M 研發團隊推出的同系列最高級機種 YAMAHA MSP7 Studio，徹底追求近場監聽喇叭的原音重現本質

◀圖片⑦　以專用獨立前級驅動，達到高精準度播放的 FOSTEX NF-1A 是被動式款式 NF-1 的主動版，採用「HP 振膜」的 16 公分低音單體特別引人注目

最近幾年，業界也出現了大型監聽喇叭搭配小型監聽喇叭，或是搭配手提 MD 收錄音機、床頭音響或 iPod 等器材監聽的例子。理由之一是試圖重現聽者的播放環境，連筆者自己也會把 MSP7 Studio 結合手提收錄音機進行混音作業。

▶ 小喇叭的設置

小型監聽喇叭尤其要留意擺設位置與角度。小型監聽喇叭容易擺設，事實上許多小型監聽喇叭就直接擺在控台的平坦表面上。但是喇叭音箱的振動，可能會對整體音質帶來不好的影響，所以就需要以吸震器（insulator）吸收阻止多餘振動。吸震器本身由橡膠或金屬等各種材質組成，不同材質對聲音造成的影響也不同（**圖片⑧**）。另一種防止振動的方式，是為監聽喇叭安裝專用立架，可以得到較好的音質

◀圖片⑧　吸震器又分為金屬、橡膠、木質等各種材質，材質對聲音的影響很大，在此建議逐一比較。筆者愛用的是 AET 的 SH 系列

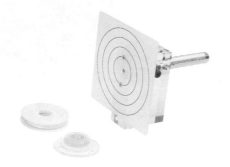

◀圖片⑨　AIRBOW Laser Setter OOP-1LS／A 是一套雷射音場定位工具，透過簡單操作，可以迅速得到「等腰三角形交角照準」的交會點

表現（喇叭架也區分成許多種類）。

關於喇叭的「定位角」，以直覺測定合適角度「這樣擺差不多可以吧？」與以雷射測定的結果，有著天壤之別（**圖片⑨**）。監聽喇叭的音場傳達範圍（service area），更不是錄音工程師點頭就可決定。尤其在混音作業進行的過程中，又需要有很多人（例如樂手、製作總監、唱片製作人等）進主控室提供意見。把這種因素也算進去，小型監聽喇叭的擺位設定更需下工夫（**例圖①**）。

喇叭的設定看似只需要注意幾個點，但相關知識一鑽研下去，反而進入發燒音響的世界裡去。有一些發燒友會比較拿單顆超過百萬日圓的喇叭來比較，錄音工程師則更需要知道發燒友追求的音質，必須

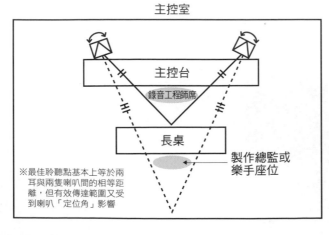

主控室

主控台

錄音工程師席

長桌

製作總監或樂手座位

※最佳聆聽點基本上等於兩耳與兩隻喇叭間的相等距離，但有效傳達範圍又受到喇叭「定位角」影響

◀例圖①　小型監聽喇叭設置法

具有超越音響發燒友的專業知識。

　　一般的音響專賣店都提供試聽服務，店裡的導線、電源線等線材也會影響音質，這些影響都有跡可循。過去認為單純的配線作業，如果可以透過線材改變音質，又有研究的必要性。逛音響專賣店本身也是一種練習，所以最好實際找來測試效果。錄音工程師必須致力確保提供好音質的音響環境。

SUMMARY

☞ **小型監聽喇叭設置時的注意事項**

○喇叭的振動是否帶來不好影響
○擺位的定位角是否正確
○傳達範圍是否合適

▶ **監聽的音量**

　　監聽喇叭是錄音到混音作業之間的重要指標，在播放音量上必須十分留意。

　　首當其衝的是監聽音量要盡可能保持固定。如果決定了工作用的音量，後面基本上都依照這個音量進行工作。這是為了避免播放音量的變化，讓一樣的樂器音色在動態或表情上呈現不同結果。音量的改變甚至會影響對演奏錄音好壞的判斷，即使迫不得已必須更動監聽音量，也必須設法調整回自己事先設定的基準值，這個值不論在錄音還是混音上，都會盡可能調整回自己設定的基準位置。在錄音作業上，筆者為了確認音色或演奏的動態，通常在錄音時使用比混音略大的音量監聽。如果與其他人共同作業，也別忘了確認他（她）的監聽音量是否在合適範圍之內。

　　最近有愈來愈多錄音工程師，習慣一邊聽參考CD的曲目一邊工作，當他們把混音的曲子當做送壓用的母帶處理，愈到後面就愈走不下去。尤其在直接從CD抓聲音檔案，放在時間軸上比對的時候，會發現音量上和自己的錄音差了很多。把增益調得很大，幾近於一比一的錄音，不可能與素材片的錄音混為一談。如果判斷可用與否的錄音，都已經套用了最大化效果，對筆者來說，已經無關音樂性的有無。應該在演奏或樂器上先控制的部分，都會因為最大化效果的影響而使人無從判斷。

　　混音的時候，也會像錄音時一樣，透過小型監聽喇叭、手提收錄音機或iPod等各種喇叭耳機確認，但並不是單純以不同音量監聽而已。當混音完成，就必須確認混音的結果，是否還是錄音時同樣的音樂？然而這裡並不是要讓不同喇叭耳機播放的音色質感相同，毋寧是對於「同樣的音樂要素，是否能恰到好處地表現出來」的求證。

　　筆者的師父有交代：「混音不能依靠播放設備。」換言之，就是不能以只有錄音室能聽到的頻段製造音樂。例如歌唱的錄音，在9kHz以上的頻段就不再套用效果。只要累積這些小技巧，就可以在不同的喇叭上聽到一樣的音樂。一個好的錄音工程師，甚至能讓壓縮過的音源聽起來也與非壓縮音源相去無幾。

▶ 自宅錄音室的設定

　　如果你也是在自宅混音的人，會不會常常把耳機當做主要的監聽器材？其實筆者常常被同行問：「監聽喇叭怎麼聽都不對味，想買副監聽耳機試試。我該買哪一種？」其實這是一個很難回答的問題，因為只靠耳機混音，將很難符合原先想像的完成形態。讓我們一起想想為什麼。

　　用耳機監聽，尤其在使用全罩式耳機時，雖然可以阻隔外面的雜音，仔細聆聽每一個音符，如果處理其中一個部分，也可以感受出微

妙的不同。這樣的特色確實稱得上是優點，但還是與監聽喇叭有著絕對的差異。原因就在L的聲音不會抵達右邊的耳朵，R的聲音也不會抵達左耳，導致無法呈現與喇叭相同的音像。

即使最近的聽者愈來愈常用耳機聽音樂，筆者至今還是對於單以監聽耳機混音的方式保持懷疑的態度。原因正在於耳機或耳機前級擴大器，都陸續推出具模擬喇叭音場功能的機種。就如同前面所說，混音作業不應該依存於特定機種。

然而在公寓套房空間工作的時候，大音量混音幾乎不可能。為避免音樂擾鄰，筆者建議在使用耳機之餘，近距離再擺一對小型監聽喇叭，並僅以小音量播放。因為音量與距離成反比，光是以不吵到鄰居的音量，也可以表現出足夠的音壓。筆者自己在家工作的時候，也把小型監聽喇叭近距離擺在工作桌上（**例圖②**）。我的工作椅離喇叭只有六十公分，工作音量一旦確認，就不會往上強推，也可以減少室內空間亂反射的影響，又可以符合預期的平坦頻率響應特性。此外兩支喇叭的間距也不用拉得太開，如果想要直接擺在工作桌的兩角，間距

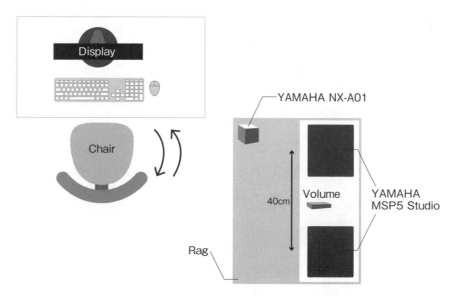

▲**例圖②**　筆者自宅錄音室布置圖

最多也只到九十公分；筆者桌上的喇叭，兩個高音單體間的距離，也只有四十公分左右。而且在混音工作流程裡，我都在喇叭聆聽點九十度角的位置操作電腦，想要仔細監聽的時候，才會把旋轉椅往右轉九十度，以面對喇叭的正面，不需要時時都守著監聽喇叭的音場正中間。

　　一般常會把監聽喇叭擺在電腦顯示器的兩旁，看似可以集中精神處理眼前的繁忙工作，對監聽環境而言卻不是好的布置方式。左右喇叭的距離，會受到顯示器螢幕寬度影響而無法拉遠，，也會因為聲波反射而對音質產生影響。

　　建議各位讀者不必被既定觀念侷限住，在家裡自己搭建一個方便工作的環境。

參考片（reference disc）指的是錄音工程師工作時自行準備的 CD。在錄音室的主控室播放這張 CD，可以判定主控室空間殘響的多寡，可以調整小型監聽喇叭的擺位，可以檢查聲音的相位，也可以判定出器材的特徵，可說是一種建構監聽環境的重要工具。

尤其當你初次進入一間錄音室，要摸熟空間的音響特性實非易事，將會耗費你許多的寶貴時間。透過播放你帶去的 CD，掌握空間的音響特性，成為錄音工程師必備的能力。如果沒有這種能力，在實際監聽演奏錄音時，將會很難做出正確的判斷，後果可想而知。此外，關於小型監聽喇叭的設定，也需要將擺位與設定能否將房間影響減到最少，以上項目都應都列入確認事項之中。

錄音室主控室的 CD 唱機與擴大機，在特性上當然也與自己常用的設備不同。為了要判斷音質好壞，就有必要掌握那間主控室音響的特色或缺陷。現在有許多錄音工程師都會自備小型監聽喇叭到錄音室，因應不同情況自備 CD 唱盤的錄音工程師也不少（筆者自己就是其中之一）。

參考片也可以檢驗監聽喇叭是否確實運作。有時候錄音室的監聽喇叭難免發生左右接線相反，或是相位顛倒的情形，就必須在播放時一絲不苟地檢查。

那麼哪種 CD 適合當成參考片呢？從以上條件看起來，可以讓自己在不同空間聆聽都能馬上掌握其空間特性，是先決的條件。所以最好是平常已經聽慣了的 CD。

但是，自己喜歡的 CD 卻又不一定適合當做參考片，也是不爭的事實。換言之，優秀的製作水準與錄音品質，就成為參考片的第二個條件了。如果 CD 音源無法分辨音場的左右定位，也就無法當下判定監聽喇叭的 L 與 R 是否接對線。此外，頻率響應的幅度也是一大要素，如果以某一個頻段以上（或是以下）沒有聲音的 CD 測試，當然就無法以直覺判定出範圍外音頻的性質。錄音混音需要的是能監聽所有頻率的音響環境，換句話說，參考片需要涵蓋所有的聲音頻率，也是選用的條件之一。另外，套用太多壓縮效果的錄音，也很難當成參考用 CD。

筆者多年來都以彼得‧蓋布瑞爾（Peter Gabriel）的《所以》（So，一九八六年）做為參考片，因為這張專輯涵蓋了所有應該監聽的音頻，而動態範圍的廣泛特性，更是我選用的理由。

第 2 章

錄 音 篇

錄製音樂，是怎麼樣的一種工作呢？其實不過就是將錄音技術貢獻在音
樂上而已。透過實際的範例，本章將介紹錄音工程師為了錄製音樂必須
注意的各項要點。

專業錄音室的特徵

即使都是稱做「錄音室」，其實還可以分成各種形態大小的錄音室。但既然是專業錄音室，設備水準上自然與自宅錄音室大有不同。本節介紹不同錄音室的特徵，以解開專業錄音室的神祕面紗。

▶ 各式各樣的專業錄音室

專業錄音室通常分為樂器演奏用的「錄音棚」（booth）、設置主控台與監聽喇叭的「主控室」（control room）與待命休息用的「準備室」（lobby）三個區塊，大部分專業錄音室也有專供放置電腦等運轉會發出馬達聲器材用的「機械室」（machine room，當同一層樓設有多間錄音棚的時候，機械室可能共用）。

各棚大小或數量因錄音室而異，但在過去唱片公司專屬的錄音室裡，也分可成錄製管弦樂團的大棚與錄製個別樂器的小棚（**例圖①**）。以中規模的錄音室而言，一般會為鼓組、鋼琴、主唱、吉他個別設置小隔間（**例圖②**）。通常這樣的中規模錄音室，也會被業界稱為「可以錄節奏四件組（鼓組、貝斯、吉他、鋼琴）的棚子」。規模更小的錄音室，則有類似「專案錄音室」（project studio）這種簡單到只有歌唱小間與主控室的空間，這樣的形態可說是拜器材小型化所賜。

錄音室的聲音特質，不僅會由主控台與監聽喇叭等常備器材影響，錄音棚隔間數或大小、音響特性，乃至主控室的空間大小或音響特性，都是各錄音室聲音特質的決定因素。獨棟建築的錄音室，可能就有好幾間大棚，每一間都有自己的音響特性，足以滿足不同業主的

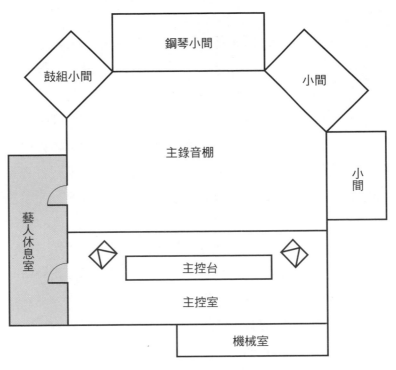

▲**例圖①** 大規模錄音室示意圖

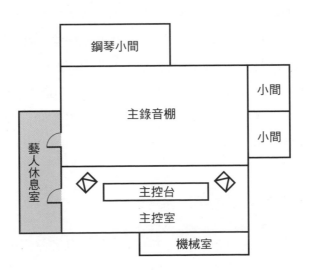

▲**例圖②** 中規模錄音室示意圖

音響需求。

所以在選用錄音室時，都必須先決定要收錄的樂器種類，以及預期的錄音質感。在 DAW 盛行的現在，愈來愈多錄音工程師都會產生「總之先錄好，等混音的時候再說」的想法，筆者對這樣的風潮並不認同。如果樂手方面要的是現場感，則應該選用適合錄製現場演出的大棚；如果追求清澈音質，有許多小隔間的錄音棚可能更符合他們的需要；如果需要利用麥克風指向性的「遮蓋效果」，則有必要考慮在較大的錄音室裡同時錄音。只有樂團基本編制的演奏，在中型錄音室或已足夠，如果還要加入弦樂編制，則有需要選用大棚的錄音室。

如此說來，依據預期錄音質感選擇錄音室的必要性，把它視為選了錄音室後混音作業才算開始，其實也不為過。本書在編排上刻意把錄音與混音安排在不同章節，但錄音與混音在本質上並沒有界線，各位讀者可以把錄音與混音想像成彼此密切連結的作業。

最後要列舉比較特別的專業錄音室：渡假型錄音室（resort studio）。顧名思義，渡假型錄音室就是蓋在渡假村裡的錄音室。基本上以一間獨棟錄音室為中心，不論錄音棚還是主控室，都會傾向蓋得比市區的錄音室更寬敞，所以在這類場地工作，壓力相對也小，可說是渡假型錄音室最大特徵。有許多四件式樂團的錄音作業在這種錄音室以現場演奏形態進行，尤其在有意追求這種音色的時候，渡假型錄音室會特別重要。通常在錄音作業期間，團員都會住在一起，可以增進良好關係；渡假型錄音室的餐點好吃，可以照表定時間開始錄音，更何況可以遠離塵囂，說什麼都值得高興。

▶ 專業錄音室與自宅錄音室的不同

前面介紹了專業錄音室的規模，接著再透過與自宅錄音室的比較，進一步說明專業錄音室的特質。

專業錄音室最大的特徵，就是由專業的營建業者設計施工興建，

以創造出最適合「從事音樂錄混音工作」的環境。不管是房間面積、樓層挑高、壁面材質等各種環節都經過慎重檢討，除了樂器演奏小間，連混音用主控室的音響空間，都經過仔細的調整，所以專業錄音室才能錄出好的聲音，並且得以正確地監聽。當然在隔音上也做了萬全準備，建築本身的鋼筋水泥（RC）構造，已經具有良好的隔音性能，再加上浮動地板構造（**例圖③**）隔離多餘的振動，成為大部分錄音室都具備的要素之一。又因為建物大部分空間都用於錄音，稱得上是理想的不動產物件。在用電上也使用了專用線路，幾乎不需要擔心民生用電常見的雜音突波問題。專業錄音室的特質，便是建立在房間的音響性格、雜音管理、電源供應等許多妥善調整的小細節上。

相信以上說明，足以讓各位讀者理解「專業錄音室是一個特別的場所」。為了成為最適合錄音與混音的場所，又必須成為一個與世隔絕的「異世界」，才能發揮不斷創造聲音魔法的功能。這就是我們所說的專業錄音室。有一些樂句或音色在錄音室才得以誕生，筆者也覺得，因為音樂創造這種行為還是需要一個最合適的場所。

另一方面，自宅錄音室幾乎都是把器材搬進自己家裡，在比照專業錄音室施作的技術層面上，有一面難以突破的天花板。譬如後天裝潢增加隔音吸音設備非常困難，要保有乾淨的配電也不是普通的方式就能達成。尤其是租來的獨棟獨戶，幾乎又不可能拿到改裝的許可證

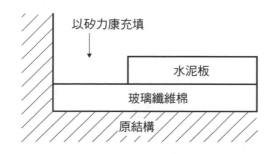

▲**例圖③** 浮動地板結構

明。所以在作業的時候，必須不斷擔心窗外的吵鬧、監聽喇叭的音量或是電源的雜音等各種問題。尤其在監聽喇叭的使用上，在檢查底噪或是麥克風屏蔽的流程中，畢竟還是需要大音量播放，在隔音上必定產生很大的問題。原本是起居空間的自宅錄音室，無法成為「一個特別的場所」，綜合以上因素，想必任何人都可以理解。

　　儘管如此，對於自宅錄音室，筆者卻不站在反對的立場。在家裡工作，有時間自由富彈性的優點，又有可能在放鬆的氣氛下不斷產生新點子。不過在以前，自宅錄音室是做為能在專業錄音室製作好作品前而先預備作業之處，現在卻變成「先蓋就對了」的傾向，難免感到憂心忡忡。專業錄音室與自宅錄音室應該並存，而不是一個取代另一個的對立關係。

SUMMARY

☞ **專業錄音室總整理**

　○錄音棚的數量、大面積與音響特性都是錄音室的
　　特色
　○錄音室是一個為創作音樂而存在的特別場所

錄音作業祕訣

在理解專業錄音室是怎麼一回事之後，接下來再看看錄音之前應先理解的知識，以及錄音上的思考。

在第一部分「器材篇」已提過，最早期的錄音作業「演奏時間＝專輯收錄時間」是一個常態。不管是在錄音室錄製，還是在街頭錄製，只要是完整的演奏錄音，都可以成為單一作品，可以把過去只能在現場欣賞的演奏，變成日後想聽就聽的媒介記錄，也就是錄音行為原本的意義（唱片的英文單字record原本就有「記錄」的意思）。筆者認為，這層重大的意義至今都未曾改變。主要是把樂手的演奏當成最重要的部分，並且細心記錄。現在一般常見的錄音方式，是以多軌錄音座分批錄製各樂器聲部，但還是希望各位讀者不要忘記「演奏最重要」的基本道理。

▶ 在錄音作業上必須考量的問題

下面將以「演奏最重要」做為主軸，逐一介紹現在常用的錄音方式。一般的搖滾樂／流行歌曲，通常以多軌錄音方式錄製。大致上的流程是先收錄節奏組（鼓組＋貝斯＋節奏吉他），然後再一軌一軌地加上獨奏吉他、和聲與主唱（疊錄法）。也有另一些錄音採取分批錄音的方式完成，或是先有一個節拍音軌，讓鼓手照拍子打節奏，貝斯照節奏彈……最後才組合成一首完整的曲子。如果想要表現出樂團整體的動態，最理想的錄法，還是同時收錄包括主唱在內的所有演奏。相反地，如果想要清晰傳達編曲，依照順序分次錄製每一個配器，有時也會錄出好作品。我們可以想像成：錄音方式依照追求的音色有所

不同。

■ 麥克風的遮蓋效果

在同時收錄多種樂器的時候，最常遇見的問題就是麥克風的「遮蓋」了。例如在同一間棚裡錄製鼓組與電吉他，收吉他音箱用的麥克風會錄到鼓組的聲音，鼓組的麥克風也會錄到吉他音箱的聲音（**例圖①**），這種麥克風收音的互相干涉，我們就稱為「遮蓋」。

如果發生這種現象，接下來會發生什麼事呢？以現在的例子而言，當吉他音軌套用壓縮或等化類效果，也會影響到同時收錄的鼓組。換句話說，就是會妨礙鼓組獨立效果的控制，這就是麥克風「遮蓋」的最大問題。錄音室裡有幾種效果可以避免「遮蓋」問題的發生，基本上還是把個別樂器關進小間收錄，以確保各音軌錄音的獨立性。

然而這種「遮蓋」未必只會帶來問題，有時候反而可以當成一種手法。早期的錄音往往以同一支（或多支）麥克風收錄所有的樂器演奏，所以根絕麥克風收錄其他音訊，可能會讓錄音的音樂性受到影響。事實上在錄音現場，有時候也會用各種方法刻意讓麥克風收到更多音訊，例如在大錄音棚裡讓所有樂手一起演奏，或是刻意打開錄音棚的隔音門等等。

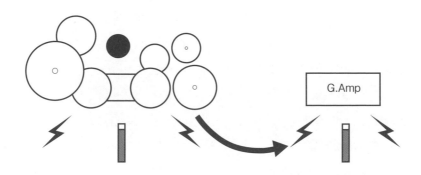

▲**例圖①** 這裡提到的「遮蓋」，指的是麥克風收錄到目標音源以外的聲音

■ 相位

　　既然是與麥克風收音有關，我們也順便談談「相位」的問題。相位問題主要發生在多麥克風收音。一樣是同時收錄鼓組與吉他音箱，吉他音箱收音用麥克風收到的鼓組音訊，與鼓組用麥克風收到的音訊之間必有時間差，兩組音訊的聲波交錯，有時會使不想要的音頻被強調（峰值，peak），或是讓想要的部分被抵銷（減頻，dip），這樣的現象都屬於「相位偏移」（**例圖②**）。在以線路輸出方式錄製貝斯演奏的時候，從音箱收錄的音訊與線路的音訊之間也會產生這種偏移。

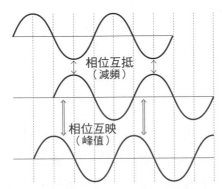

相位互抵
（減頻）

相位互映
（峰值）

※具有時間差的相同音頻，會因時間差的大小產生頻率的增幅或抵銷。本圖以簡化的正弦波訊號為例，但實際的樂器音色其實包含各種頻段的，不想要有相位差的頻段，有時會被強調，有時會消失

▲例圖②　相位差與聲音抵達時間的前後差距

　　如果收錄時使用的是一支或兩支麥克風，錄音後在 DAW 上把波型對齊可以解決問題（**例圖③**）。但是如果以多點收音錄製鼓組，將可能錄出充滿相位差的鼓聲，尤其要小心。例如大鼓音量拉高，小鼓音色就會降低；或是小鼓音量拉高，大鼓的低音就不見了之類的問題，在鼓組的多點收音時很容易發生。

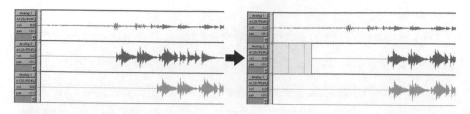

▲**例圖③** 把波形排列整齊，可減少相位差問題

　　基本上，相位可以透過調整麥克風收音距離來改變，所以建議一邊用耳朵確認，一邊改變麥克風的收音位置。尤其是在收錄鼓組的時候，若你缺乏經驗，以較少支麥克風收音，會比用很多支麥克風更容易製作出成功的錄音。當你擁有一雙可以分辨「同時使用哪些麥克風容易造成相位差」的耳朵，才去挑戰多點收音，會是比較明智的做法。

■ 過效果器的錄音

　　錄音作業會遇到的另一個問題，則為「是否應該在輸入時先過效果器？」錄音時先過效果會造成後續作業的困難，在錄音現場一直有著不小的爭論。尤其在DAW興盛的現代，因為「等混音的時候再想點辦法」蔚為風潮，「錄音的時候先不加效果」是常見的做法。

　　但是筆者認為錄音與混音其實沒有任何分界，所以有時候在錄音的時候可以把效果直接錄進音軌。在錄音作業裡，樂手的演奏行為都要①一邊聽樂團的演奏②一邊演奏自己的樂器，所以必須以①伴奏完成②自己的音色也完成做為錄音作業的前提。如果哪一邊的音色尚未完成，樂手的演奏本身也可能形成問題，這種連動關係不言而喻。換言之，只要不同階段的錄音尚未完成，就無法製作混音的拷貝。所以錄音直接過效果器確實有其必要。然而過效果器的錄音，還是以錄音工程師能與樂手充分溝通做為前提。

　　以這種方法錄音，一旦套用壓縮類效果就很難恢復原來的樣子，

所以通常會把壓縮效果套用在監聽上。但是如果要套用在許多音軌上，錄音室的外接效果可能不夠多，有時甚至無法判斷是否要與主控台共用相同效果線路。不過現在已經是 DAW 的時代，已經可以把未加效果的錄音與加了效果的錄音分配在不同音軌，記住這種方法將有很多好處。

SUMMARY

☞ **錄音的注意點**

○ 麥克風是否只收眼前樂器音色
○ 相位是否相同
○ 錄音時要不要先加效果器

▶ 把麥克風放在「聲音焦點的聚集處」

接著，要介紹麥克風收音最基本也最重要的一件事。

最重要的事，在於「理解各種樂器發出的聲音」。換言之，樂器的實際音色最重要，光是聽完成的錄音，是絕對無法理解的。如果你不知道實際的音色，就不夠格成為一個錄音工程師。如果你記得一種樂器的音色，最好伴隨著那種樂器的印象記住一輩子。

以一個極端的例子來說，如果你不能分辨康加鼓（conga）與邦果鼓（bongo），就別想得到樂手的信任。至少你要懂得區分 Jazz Bass 與 Precision Bass，或是 Stratocaster 與 Telecaster 的不同。你不需要因此成為樂器狂，但最好常跑樂器行，熟悉樂器的名稱與音色。在此推薦你放下矜持試彈那些樂器。自己買樂器回家鑽研，也是重要的方法。筆者自己就已經不記得買入幾面銅鈸了。連類似西塔琴（sitar）、塔布拉鼓（tabla）之類的民族樂器，都擺在家裡的一角。

為了掌握不同音箱的特性，如果能練習幾段吉他的樂句可能更好。一個錄音工程師身上的專業，可以從他對樂器的理解看出來。

如果理解了樂器的音色，就可以順利地找出麥克風的收音點。原因無他，所有樂器共通的收音點，正是「聽起來最悅耳的位置」。在錄音作業進行前，不妨從不同角度留意各種樂器的音色。一開始如果能搗住一邊耳朵聽，可能更有效果（只使用一支麥克風收音的時候）。當你仔細聽會發現聆聽位置的遠近，不僅影響樂器的音量，連樂器的音色都會跟著產生變化。在不同聆聽點之中，一定可以找到聽得最清楚的位置。

這個位置筆者稱為「聲音焦點的聚集處」，一個空間裡不只一個焦點，而分布在不同的角落（**例圖④**）。離樂器愈遠，理應可在同一條直線上找到更多「焦點聚集處」。當然實際焦點的位置，也受到空間大小或樂器音量等因素影響而有所變化，所以這裡無法告訴各位讀者「如果要收錄鋼琴，就把麥克風架在離鋼琴○○公分的位置」之類的固定位置。這裡只能提供一個提示：比想像距離更長的收音點，可能有更好的收音效果。

在我們常見的麥克風收音點設定之中，麥克風有時候會離音源特別近，但我們也必須重新思考，那些樂器的演奏是否都被確實收錄進

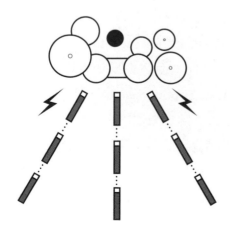

◀例圖④ 聲音焦點的聚集處不限於一處

來了？樂手將自己的樂器充分調音之後，再將麥克風架在一定程度的距離之外，或許能得到較好的錄音結果。但是如果架得太遠，麥克風又會收到其他樂器的聲音，或產生其他的問題。所以用自己的耳朵實驗，比什麼都來得重要。如果能練就找出「聲音焦點的聚集處」實力，不管收錄哪種樂器，都可以游刃有餘。

在此附帶一提不同樂器間的組合。在單一音軌聽起來不錯的音色，如果與其他音軌搭配，可能會有欠臨門一腳的感覺。因為「聲音焦點的聚集處」不只一個，就必須考量一個樂器與其他樂器間的搭配，另外找出新的聚焦點。

SUMMARY

☞ **麥克風收音的鐵律**

○ 把麥克風架在「聲音焦點的聚集處」上
○ 「聲音焦點的聚集處」不只一個

▶ 對於錄音工程師而言，有哪些感性要素？

上面介紹了錄音的要領與注意事項，但筆者還是想要強調，錄音的階段就應該要思考作品的最終形態。你的錄音方式，將會影響一切結果。

所以在這層意義上，我們幾乎可以說，現場音控師的混音工作其實與錄音工程師差不了多少。現場演出當然以現場聽眾聽得到的兩聲道混音為前提，取決於麥克風擺位等多種因素，到了錄音工程其實也一樣。筆者在擔任錄音工程師的時候，會兼任音控工程師操作 PA，當思考「如何收錄樂手想要的聲音」這部分，也會以 PA 的經驗判斷。能從演奏掌握樂手想要的音色，不就是一個錄音工程師需要的感

性（資質）嗎？首先要熟諳器材的性能與正確的操作，並且找出專屬於自己的用法，使用它並錄製出樂手追求的音色，我想這就是一個錄音工程師該有的感性。請各位讀者記住，當你擁有這樣的感性，才能與樂手平等地製作音樂。

▶ 錄音電平的設定

在分享錄音的心得之後，也要談談錄音電平的設定。

在數位錄音開始出現的時期，為了要充分使用 16-bit 錄音規格的深度，即使是錄製細微的聲音，業界都習慣調高增益，並且把錄音電平調到盡可能不出現過載紅燈。然而問題就在高增益錄製細微聲音，導致主控台的監聽音量推桿必須拉得很低，使纖細的音量控制可能無用武之地，甚至導致監聽電平初始值產生錯誤。

但是後來 24-bit 錄音日漸普及，現在 32-bit 甚至成為常態，細微的音量不必調整增益，錄音後也能保持應有音質，不再擔心訊噪比（S／N）之類的音質惡化問題。基本上使主控台音量推桿維持在一直線的電平位置，也可以保持音場的平衡，即使錄音與混音在不同的錄音室進行，也可以減少平衡不均的問題。

此時的重點，在於錄音階段的平衡，會成為後面混音的指標。本書一再強調「錄音與混音的作業是一體的沒有界線」，取樣精度與頻率的提升，正好應證了這個論點。

鼓組的錄製

接著要介紹的是各種樂器的收錄法，首先是鼓組。鼓組又稱爵士鼓，其實是由低音大鼓、小鼓、中鼓（筒鼓）、腳踏鈸（帽鈸）、單面銅鈸等樂器（元件）組合而成的樂器群。鼓組的特色在於可分為皮膜類（鼓）與金屬類（鈸）兩種打擊樂器。有的鼓手可能也會把邦果鼓等其他打擊樂器一起納入鼓組，更添演奏的複雜性。我們不能忘記，鼓手將所有樂器合為一體，負責一個節奏的進行；即使樂器各自獨立，全部合起來就變成一個鼓組。當然鼓手在演奏的時候也意識到這點，請各位讀者理解：鼓組裡的每一個樂器，同時發出聲音的重要性。

實際的收錄方式，從只使用一支麥克風的單點收音，到每一種樂器都架麥克風的多點收音，依照需要有各式各樣的方法。隨著錄音技術的日漸進步，使用更多支麥克風也是必然趨勢，但只用單支麥克風收錄鼓組的演奏，未必就是過時的代名詞。各個樂器的多點錄音愈來愈常見，樂器合奏的一體感也更受到重視，鼓組在合奏裡的音色表現也各有不同。請參考下面的解說，為不同的音色找出最合適的錄音方法。

▶ 以單支麥克風錄製鼓組

收錄鼓組錄音最簡單的方法，就是只用一支麥克風收音。從歷史脈絡來看，從鼓組正上方收音，堪稱是一種正統。一般會從兩面立鈸的中間點收音，或是將麥克風掛在小鼓正上方收音以強調小鼓，而筆者想要強調的部分，還是把麥克風設在「聲音焦點的聚集處」。然而

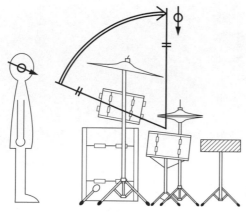

※如果從正前方找到「焦點聚集處」，
則在該點的正上方收音

▲**例圖①** 決定在鼓組正上方收音點的方式

我們很難把耳朵湊到鼓組上面去抓聚集焦點，我推薦的替代方案是在鼓組正前方找到聚焦點，再把麥克風掛在聚焦點的正上方，麥克風的收音點與聚焦點的距離，等同正前方到聚焦點的距離（**例圖①**）。

　　當然就如同前面提到的焦點聚集的地方不只一個，如果是鼓組，可以是得到所有樂器音色平衡的位置，可以是小鼓聲音最清楚的位置，如果能從不同聆聽距離尋找，會更容易理解。實際情形下，以五至十公分距離移動即可聽出不同，但是有時候也可能需要距離到一公尺遠，即依照不同的錄音棚空間大小而有不同結果。不論如何，請重視自己耳朵聽出來的感覺。

　　如果已經找出幾個聚焦點，又要從中找出哪一個來收音呢？不用說，答案當然就是「與其他樂器相襯的點最為理想」。除了鼓手獨奏的段落以外，鼓組的音色通常夾雜在貝斯、吉他、鋼琴或主唱之間。光只有鼓組音色好，演奏也失去意義，所以更應該透過與其他樂器的組合，找出最合適的聚焦點收音。從這裡也可以看出本書一再強調「錄音與混音的作業之間，其實沒有任何界線」的道理。

　　用一支麥克風收錄鼓組時，最大的問題在於動態範圍。鼓組的細微音量（例如曲子中只有腳踏鈸的部分）乃至大音量（大鼓、小鼓與

鈸一起發出聲音的時候）之間有很大的落差，如果在錄音過程中不套用壓縮處理，會導致音色很難與其他樂器搭配。所以在單支麥克風收錄鼓組的情況，多半會在輸入線路上直接過壓縮器錄製。尤其是數位錄音時，過壓縮器錄出來的音色，往往更合乎原先的期待。如果音源常常會出現不規律的峰值，這時若不經過壓縮處理錄製，到後面混音的時候會產生更大的誤差。

　　然而壓縮加得太強，會更加凸顯鈸類音色，時常產生棘手問題。一個好的鼓手可以保持音色的平衡，即使在戴著監聽耳機錄音的時候，也可以一邊考量其他樂器的平衡一邊演奏。但是有些鼓手可能會受到監聽耳機的音量影響，不知不覺自己調整音量，導致更難把握整體平衡（**例圖②**）。這時候就必須仔細調整監聽耳機音量平衡，並與鼓手充分溝通動態上的處理方式。換言之，只用單支麥克風收錄鼓組演奏，其實受到鼓手的演奏實力相當大的影響。

　　另一方面，單一麥克風錄音沒有相位差問題，所以也不會發生想要頻率相抵或不要頻率增幅之類的麻煩。這層意義上來看，在聚焦點上的聲音收錄效果佳，筆者認為值得一試。實際上收錄使用的麥克風方面，筆者通常會用動態範圍廣的 DPA 無指向性麥克風，或是類似

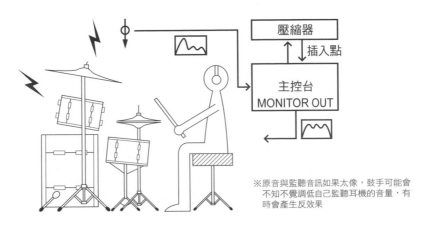

※原音與監聽音訊如果太像，鼓手可能會不知不覺調低自己監聽耳機的音量，有時會產生反效果

▲**例圖②**　輸入音軌過效果器時，必須注意監聽音量

AKG C12、C12A 之類的經典名機。壓縮器方面則會使用 UREI 1176、1178 等標準器材,以期理想結果。

SUMMARY

☞ **用一支麥克風錄製鼓組演奏時的注意事項**
○ 首先找出聲音焦點的聚集處
○ 同時考量鼓組與其他樂器的組合效果

▶ 以兩至三支麥克風錄製鼓組

接著,要來介紹用兩支麥克風收音的方法。這時候就可以用「一支置頂+一支收大鼓」的方式收音,在原來鼓組的演奏上強調低音大鼓的音色。這種情況往往會把麥克風穿過正面鼓皮預留的孔,直接伸進大鼓的鼓身裡,專收大鼓鼓皮的振動(**例圖③**)。因為我們無法把頭伸進大鼓裡尋找聲音的焦點,只能先把麥克風頭擺在離鼓皮打擊面幾公分的位置,再慢慢前後調整以確認出最合適的收音點。基本上對準鼓錘與鼓皮的接觸點效果通常較好,如果能再讓起奏音晚點出現,通常就算 OK 了。但是因為鼓身的共鳴也需要收錄進去,錄音的時候

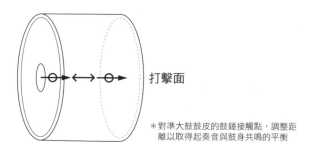

打擊面

＊對準大鼓鼓皮的鼓錘接觸點,調整距離以取得起奏音與鼓身共鳴的平衡

▲**例圖③** 把麥克風伸進大鼓鼓身收音

還是得留意起奏音與鼓身共鳴的平衡（收音想以鼓錘為主的時候，還是會錄到鼓身共鳴）。此外，從打擊面確認焦點的距離，並且取得鼓身裡一個平衡的距離收音，有時會得到更好的效果（**例圖④**）。如果有足夠的前置作業時間，請務必試試看。此外，也有不把麥克風伸進鼓裡，從外面收錄低音大鼓的方法。這時候還是會把麥克風收音點定在聲音焦點的聚集處。在大鼓的起奏音變少的時候，則有需要思考整體音量的平衡。

錄製低音大鼓的時候，最麻煩的問題就在於大鼓正面（非打擊面）鼓皮的洞口不在正中間，或是鼓皮沒有洞。遇到前者的情形，可以使用短臂麥克風架，盡可能把麥克風伸進去；遇到後者的情形，如果還想強調起奏音的魄力，則需將大鼓正面的鼓皮框拆下來。但是如果有其他因素不能拆前面的鼓皮，把收音點定在打擊面會很有效果。另一種方法，則是先拆正面鼓皮框，從鼓身的通氣孔穿線把麥克風懸吊在鼓身內部，再用膠帶把麥克風固定在內側吸震墊上。

常見的大鼓收錄用麥克風款式，包括 SENNHEISER MD421、AKG D112，以及 ELECTRO-VOICE RE20 等。尤其是想強調大鼓鼓錘起奏音的搖滾類錄音，多半會選擇 MD421 收音；如果鼓錘音量原本就強，卻不想過於強調起奏音，就會用 D112 或 RE20。筆者喜歡把無指向性 DPA 4003 伸進鼓身裡，把空氣的振動與鼓本身的聲音一起

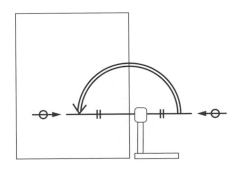

▲**例圖④**　從打擊面測定聲音的焦點，換算等距離的內側收音點

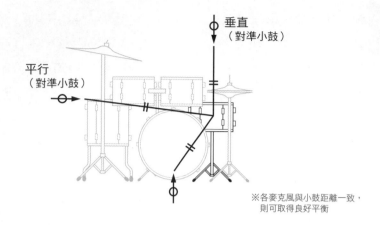

垂直
（對準小鼓）

平行
（對準小鼓）

※各麥克風與小鼓距離一致，
則可取得良好平衡

▲**例圖⑤**　以三支麥克風收錄鼓組示意圖

錄進去，因為如此一來聲音會更具魅力。

　　以三支麥克風收錄鼓組，筆者曾經參考披頭四的錄音工作照實做過。在上述的兩支麥克風以外，再加上收音角度與落地筒鼓（floor tom）鼓皮平行，對準小鼓的第三支麥克風（**例圖⑤**），形成兩支麥克風等距離對準小鼓的配置。如果連大鼓收音用的麥克風也與另兩支麥克風等距離，則可收錄出超乎想像的音色。

　　如果以兩至三支麥克風收錄鼓組，通常可以錄出盛行此種擺法一九六〇年代氣氛。許多樂手都追求這種六〇年代音色，在節奏取樣迴圈（drum loops）問世之後，也有樂手要求想錄出「聽起來像取樣迴圈的鼓」。這種時候，希望各位讀者能用這種二至三支麥克風收音的方式收錄鼓組演奏。

　　與單一麥克風收音的情況一樣，這種錄音方式很少會產生相位上的問題，很容易錄出焦點清楚的音色，稱得上是一大優點。在現場音控，如果麥克風數量有限，想對鼓組完整收音的時候也很器重這種擺位方式，所以必須熟練這種收音法的設定。

SUMMARY

☞ **以兩至三支麥克風收錄鼓組演奏總整理**

　○追加低音大鼓收音用麥克風
　○使用三支麥克風收音時，留意麥克風間的距離

▶ 以很多支麥克風錄製鼓組

　　終於到了介紹以三支以上麥克風收錄鼓組的段落。用許多麥克風捕捉一個音色，確實是一項充滿挑戰的工作。所以用多支麥克風收錄鼓組，有趣的程度堪稱是錄音工程師工作中的精髓。另一方面，在錄音現場的工作要求，卻是工作速度。大部分時候，收錄鼓組通常需要動用十幾支麥克風，所以請各位讀者配置時一定要特別留意。

　　我們時常見到錄音工程師為了找出合適收音點，不斷以「給我大鼓」要求鼓手持續踩四四拍子，接著是小鼓的四四拍子、腳踏鈸的四四拍子……同樣的動作延續十分鐘，想必大部分的鼓手都煩到不想錄音了，因為世界上不會有演奏者喜歡針對個別樂器周而復始重複演奏。如果讓鼓手不必戴監聽耳機試音，任由錄音工程師照自己覺得可以的方式設置麥克風，反而使錄音作業更有音樂性。

　　筆者有現場音控累積的經驗，希望各位讀者記得，鼓組收音點的快速設置，是引導錄音作業順利完成的關鍵。或許有讀者發現快速與前述「挑戰」一詞產生矛盾，但是收錄作業不是實驗。在本書前言也已經提過，實驗就應該用自己的時間進行。

■ 低音大鼓

　　低音大鼓的收音方法大致上與前面相同，只用一支麥克風時，通常會把麥克風伸進鼓身裡。但是使用多支麥克風時，也有可能出現一

面大鼓用兩支麥克風收錄的情況。例如透過在大鼓前面加架一支麥克風（**圖片①**），就可以完整收錄傳遞到鼓身的低頻，以及空氣振動下的低頻。在前面介紹麥克風的段落也提過，如果把 NEUMANN U47FET加在大鼓前面，就會錄出類似休‧帕占操刀的音色（收音點當然也在聲音焦點的聚集處上）。把D112架在正面前方，也是錄音室常見的方法。另一種常見的方法，是將從YAMAHA NS-10M拆下的低音揚聲器單體當成麥克風使用。現在YAMAHA也推出一種名叫Subkick的低頻用麥克風，由於造價不貴，可以在門市試用參考。實際上也可在錄製大音量音樂類型時，錄製出色的低音表現。U47FET或「距離十米麥克風」則負責增加錄音的空氣感，搭配伸進鼓身的MD421收錄的有厚度聲音，組合出一個完整音色，我們便稱為音像的收音點。

■ 小鼓

小鼓通常以頂端與底端各一支麥克風收錄。因為小鼓的音色包括了下端鼓皮表面的響弦（snappy）共振，如果只收頂端鼓皮的聲音，反而只會錄到像是輕敲的「咚」音色，尤其在近距離收音的時候。由此我們可以理解，近距離收音未必可以完美地收錄樂器音色。

收錄小鼓也與前面介紹時一樣，找出聲音焦點的聚集處。在鼓組

◀**圖片①** 以MD421搭配U47FET
收錄大鼓示意圖

以最大音量演奏的時候，人耳會派不上用場，所以不是請鼓手以小音量演奏，就是自己打鼓找收音點（若由自己打鼓，拜託各位先徵得鼓手同意）。搖滾風格的鼓手時常採用同時敲擊鼓面與金屬框的「開放連框」（open rimshot）奏法，麥克風距離打擊面太近，反而會錄不到演奏的魄力，所以收音的時候，要與鼓框保持一點距離才錄得出魄力（圖片②）。此外，麥克風的角度也會影響收錄的音色，請自己親自用耳朵找出最合適的收音點。

在鼓的上下兩側設麥克風，必須留意相位上的問題。如果在正上方與正下方收錄同一個音源，有一邊會形成反相位。所以基本上底端收音用的麥克風，必須開啟相位反轉開關，從電流控制反轉相位。此外，兩支麥克風的擺位，也盡可能排成一直線（圖片③），以減少後續調整相位時會遇到的問題，算是一種基本技巧。事實上麥克風擺位的角度很難湊成一直線，請各位讀者記得，一旦練就擺出直線的技術，後面的處理會相當輕鬆。不過有時候，可能會刻意透過些微的相

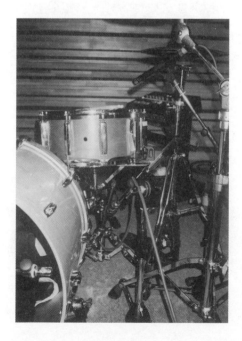

◀例圖② 以上下 2 支 C451 收錄小鼓示意圖。請特別注意麥克風和樂器間所保留的距離

◀圖片③ 小鼓單體的收錄,因為不必擔心收到不必要的音頻,可以把麥克風拉得更遠。又因為頂端與底端的麥克風擺位成一直線,不容易發生相位上的問題

位差來錄製出獨特的音色,如果能一併記住這個高級技巧也不錯。

實際採用的收音用麥克風以上下對收的 SHURE SM57 為業界標準,筆者偏好的則是上面 SM57、下面 AKG C451 的配置。如果上下都用 C451,則會收到非常優秀的音色,不管是鼓皮、起奏音還是底下的響弦,都可以很清楚地錄下來,希望各位讀者有機會也可以用 C451 錄錄看。此外 SONY C38 也是我常用的一支麥克風,不論指向性還是振膜大小,在小空間的設置上都很能發揮效果。過去筆者曾在影片中看到史都華・柯普蘭把 SHURE SM58 架在小鼓旁邊。看起來像是擔心不小心敲到而架設的裝飾用麥克風,但多少可以做為架設麥克風的參考。

有時候甚至也會省略小鼓底端的麥克風,這種情況請先把等化器效果的高頻調高,強調響弦的成分以得到更好的結果。另一種不錯的方法,是從其他鼓鈸用的麥克風去收響弦。其他鼓用麥克風當然多少會收到小鼓的聲音,尤其是置頂麥克風(後述)也會收到許多間接的響弦音,所以透過置頂麥克風的調整,也可以錄出含響弦的小鼓。請

各位讀者務必記住，不管使用再多的麥克風，都無法讓鼓組的音色完全分離。

■ 筒鼓

錄製筒鼓的時候，可分只需強調起奏音，以及連鼓身共鳴都要的兩種情況。以業界的標準做法，想要起奏音時，就以兩支 SM57 對準聲音焦點聚集處收音；如果連鼓身共鳴都要，則用 SENNHEISER MD421 收音。大部分的曲子裡，筒鼓的收錄只需強調起奏音即可，光是 SM57 就可以錄出難以割捨的音色。

筆者特別喜歡的收音法，是把 AKG C414 架在鼓皮旁邊（**圖片④**）。如果把 C414 架在聲音焦點的聚集處，不僅可以錄出鼓皮的質感，連鼓身的共鳴都可收得很清楚。如果鼓手技巧高超，這支麥克風尤其能發揮本領。

有時候會見到一些鼓組，搭配的是底端沒有鼓皮的單面筒鼓（melo tom），不僅可以用一般的收音方式，還可以像錄製大鼓一樣，把麥克風伸進鼓身裡收音，收錄的聲音聽起來會像是加了一點點相位調變效果（phaser）而顯得獨特，得到良好的結果。菲爾·柯林

◀**圖片④** 使用 C414
收音筒鼓的示意圖

斯（Phil Colins）的鼓組，就是透過單面筒鼓的搭配產生獨特的音色。

■ 腳踏鈸

　　腳踏鈸反而是一種不容易收音的樂器。正對打擊點收音是一種方法，但由於金屬材質的聲音容易往水平方向散開，往往收不到好音色。從水平位置收音，又會因為腳踏鈸總是一開一闔而產生錄到噴麥的危險。所以在此絕不會說水平收音效果最好。基本上我們會從略高的位置以斜角收音。把麥克風對準打擊點，可能妨礙正常演奏，音量差距也會拉大，通常會對準上層鈸側邊打擊點以外的位置收音，以期良好的錄音效果（**圖片⑤**）。

　　在麥克風的擺設角度上，「略高位置」說來可能比較籠統，但擺設角度其實可以控制演奏的音量差。從頂端垂直收音，演奏音量的大小落差會減到最少；接近水平會收得較大的音量差。如果在錄音上要求的音量差不同，不妨自行調整麥克風角度。鼓手的耳朵可以當成一個參考點，因為鼓手可以從演奏的角度與距離，得到演奏時的平衡。

◀圖片⑤　以 C451 收錄腳踏鈸的示意圖。收音角度對音色影響很大，設置時務必留意

■ 置頂收音

架在鼓手頭上收音的麥克風組,我們稱為「置頂麥克風」,基本上是用來收錄單面鈸,卻不是每一面鈸架都用一支麥克風收音。因為鈸類用的麥克風會收到更多鈸以外的聲音,很難區隔不同麥克風收到的音訊。所以才逐漸以收錄鈸類的聲音為前提,找到能與其他鼓類平衡的收音位置。但是有些時候會把置頂麥克風的低頻全部阻斷,以凸顯鈸類的頻段。這類調整也因應音色上的需求有所改變。

實際的架設位置則與「以單支麥克風收錄」項目相同,先從正前方找出聲音焦點聚集處,並依照距離從頂端架設麥克風。但是在多支麥克風的情況,置頂麥克風通常採用立體聲收音,並可由置頂麥克風調整立體感。這時候立體麥克風通常可以捕捉住鼓組的整體音像(**圖片⑥**)。此外如果在兩面鈸等距離的位置架設一支無指向性麥克風,則是業界最標準的錄製方式,筆者喜歡用的無指向性麥克風,是 DPA 4003。此外還有 C414、AKG C24、NEUMANN U87、U49 或等麥克風的組合使用,如果成本夠用,甚至還可以使用兩支 AKG C12,可見置頂麥克風還有各式各樣的選項。

◀圖片⑥ 以立體聲形式收錄鼓組的示意圖,這裡是 使 用 NEUMANN U67(無指向性)麥克風,收錄的則是整組鼓的音色。此外大鼓則使用收音用的 NS-10M 低音單體

■ 環境音麥克風

　　最近有愈來愈多鼓組的錄音會另外收錄空間的聲響，收音用麥克風稱為「環境音麥克風」（ambience）。在架設環境音麥克風的時候，找出空間最好的聲音聚焦點是最重要的環節。從空間的不同位置選出空間裡聲響最好的音點，並且在最好的位置架設麥克風，通常十拿九穩可以收錄到好的音色。

　　環境音與置頂麥克風一樣，有時候只使用一支麥克風，有時候會採取立體聲。如果需要強調小鼓的響弦就使用單聲道，想要強調鼓組所有樂器則使用立體聲，可以依照錄音想要的質感選擇。前頁**圖片⑥**擺在前面的 C414 就是環境音麥克風。

　　環境音麥克風收錄的音訊，往往會套用較強的壓縮效果，在演奏時監聽可能會妨礙演奏判斷，所以在錄音監聽的時候不讓鼓手聽到壓縮，到了混音階段才加壓縮，是一般常用的方法。只用一支麥克風收錄時，有時會讓錄音音軌的小鼓音量成為啟動壓縮效果的啟動值

▲**圖片⑦**　鼓組的多點收音全圖，請注意收音點與樂器的距離

（trigger），以烘托出小鼓音色的厚度。

■ 其他附帶說明事項

使用多支麥克風的多點收錄法，最大的注意事項莫過於相位的相衝。推高小鼓的電平會吃掉大鼓的低頻，推高大鼓的電平會吃掉小鼓的音量，可說是多點收音如影隨形的難題。如果能把麥克風擺在不同樂器聲音聚焦處，相位不一致的問題通常有大幅改善的可能。所以在此還是建議在架設麥克風的時候，可以一個一個找收音點。尤其在使用相位一致的無指向麥克風時，有可能得到單一指向性麥克風無法比擬的相位特性（**圖片⑦**），各位讀者有機會的話一定要試試看。

相對於相位失衡相衝，也要細心留意各收音點間的聲音干涉。如同前面在小鼓項目提到，我們往往要與其他收音點的麥克風互相搭配，才能求得想要的音色。切勿為了強調一支麥克風的音質，忘了整體的音量平衡。即使只用單支收音，只要整體聽起來過得去也無妨。此外，當然要把整個樂團的合奏算進錄混音要素裡，請各位讀者務必養成架設麥克風時考量各種組合因素的習慣。

最後要介紹壓縮效果的調整法。收錄鼓組演奏時，往往在輸入時先過壓縮，多點收音的鼓組演奏錄音更可能對所有錄音音軌加壓縮。當我們想讓鼓組聽起來具有單一樂器般的一體感，有些時候也可能將所有收音頻道集中套用壓縮後，再統一錄到一個音軌。這種錄音方式最常被使用的壓縮效果器，則有 FAIRCHILD 660／670 與 UREI 1178。如要增加演奏的一體感，可在監聽輸出或鼓組的兩聲道混音音軌上再套用等化器。筆者在這種情況，多半使用 GML 或 API 的等化器。將整個鼓組低頻推高，比較不用擔心調整各鼓高低頻產生的失衡問題，在此建議使用。

上面為了具體說明，列舉幾個代表性的設定法以及麥克風品牌款式，在此還是希望各位讀者把這些說明當成「例子」即可。如果只需要傳統的音色，光是既有的方法就可以得到滿意的結果，但不管是收

音點的設定還是麥克風的選用，還是相當重視新點子的追尋。希望各位讀者可以在錄音作業的過程中，時時保持靈活的思考，以判斷相位是否一致，以及鼓組的音色是否合乎需求。

SUMMARY

☞ **以多支麥克風收錄鼓組演奏時的注意事項**

○ 設定上固然有公式可循，但還是重視創意

○ 留意相位不一致

○ 時常留意整體平衡

貝斯的錄製

在收錄電貝斯的情況，可使用的方法可分為以麥克風收錄貝斯音箱，或透過 DI 直接錄製線路訊號，有時也可以同時收錄麥克風與線路的訊號。最近有愈來愈多的貝斯手開始習慣麥克風與線路調和的音色。所以也開始有貝斯手要求錄音工程師「調大線路訊號的音量，讓我聽清楚我彈了什麼」。在收錄低音提琴（原音貝斯）的情況，分為以麥克風直接收錄樂器音色、以線路輸入錄製拾音器訊號，然後有各式調和兩種音訊的方法。本節將依照電貝斯→低音提琴的順序，詳細介紹貝斯的收錄方式。

▶ 以麥克風錄製貝斯音箱的聲音

首先，讓我們來看如何以麥克風收錄貝斯音箱。樂團錄音的時候往往自備音箱，通常也已經決定樂團合奏時的音色平衡。這種時候，他們會同意錄音工程師直接以麥克風收錄音箱的音色。這種方法得到的錄音，在混音時相當容易處理，也比其他方法更能得到樂團期待的音色，既簡單又有效。

這時候請依照聚焦法，自己用耳朵找出聲音焦點的聚集處。貝斯音箱的音量其實很大，在找收音點的時候，不妨請貝斯手先以較小音量試彈。即使在相同的空間錄音，不同的曲調也會產生不同的收音聚焦點，所以一定要請貝斯手把不同曲風的伴奏音都彈過一輪。如果在演奏的同時改變自己的聆聽位置，會發現貝斯音箱發出的聲音，非常容易受到空間的影響而產生不同的音色。

貝斯手不可能在決定音色的時候，一直把耳朵貼在音箱上。所以

◀圖片① 某演奏錄音收錄貝斯音箱的實際情形，左邊的 DPA 4003 對準右邊的貝斯音箱，由實際擺位可見收音點與音源距離拉得很遠。較靠近音箱的麥克風用來調整音色

如果可以先站在貝斯手的演奏位置確認音色，再找出合適的收音點，是收錄貝斯作業的一般規矩。我們不能忘記，貝斯手是從貝斯音箱整體的音色找出自己演奏的聲音特色（圖片①）。

至於收錄時實際使用的麥克風，通常會是低頻響應表現優秀的機種，選擇上可說與收錄低音大鼓相似。過去大部分情況都會採用 ELECTRO-VOICE 的 RE-20，近年有愈來愈多的情況會使用 AKG D112 收音。如果貝斯音箱的音量不是很大，甚至可選擇振膜較大的 NEUMANN U47、U47FET 或 U269 等電容式麥克風。筆者常用於收錄大鼓的 DPA 4003 也常常用於貝斯音箱的收音上。

▶ 電貝斯的線路輸入錄製

儘管電貝斯的線路輸入錄音不需要繁複的器材設定，還是可以收錄相當豐富的低音，可說是一種值得嘗試的錄音方式。

在以線路輸入方式錄音時，光是訊號源就有許多種選擇。最簡單的方式是將樂器的輸出直接插進 DI，改變輸入阻抗後直接錄成音訊。DI 又有各種規格（也有內建真空管的款式）可選，選用時當然必須找出適合樂器與曲調特性的機種。此外，也有一些麥克風前級附有 DI 的功能，選用時還是得尊重樂手的選擇。通常錄音室樂手進棚

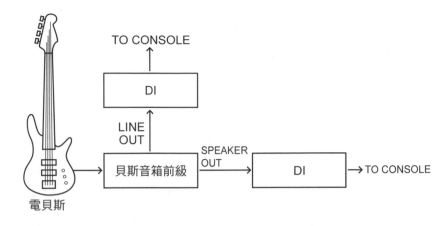

TO CONSOLE

DI

LINE
OUT

SPEAKER
OUT

貝斯音箱前級

DI

→ TO CONSOLE

電貝斯

▲**例圖①** 從貝斯音箱輸入線路訊號

錄音都會自備 DI，對樂手的選擇也很重要。

　　如果貝斯音箱已經內建輸出端子，就可以當成錄音的訊號源。從貝斯前級線路輸出的訊號送進 DI，有些 DI 可以輸入從貝斯前級的喇叭輸出端子的線路電平音訊，以當成錄音音源（**例圖①**）。

　　圖片②是實際演奏錄音時，收錄貝斯音箱線路輸出音訊的情形。這種方法可以將演奏者透過貝斯前級調整出的音色收錄起來；如果使用的前級是真空管型，線路輸出的訊號可以保有真空管驅動的驅動感。換言之，就是以具真空管味的聲音特質，得到合乎演奏者期待的音色。

◀**圖片②** 貝斯的線路輸出錄音場面，使用的 DI 為 COUNTRYMAN Type85

▶ 以線路輸入＋麥克風錄製電貝斯

經由以上說明，希望各位讀者可以理解，不管是純線路輸入還是單體麥克風，都可以充分錄製電貝斯的演奏。而前面也提到最近愈來愈多的樂手開始習慣線路與麥克風輸入的調和音色，以兩個音軌分別錄製線路與麥克風收音得到的貝斯音訊的做法也與日俱增。但這種時候要面臨相位不一致的問題。鼓組收錄會遇到的相位不一致，源自麥克風間的距離差，而線路的線路音訊與麥克風收錄的音箱音訊，也會發生相位差的問題。如果同時播放線路貝斯與貝斯音箱收音的音軌，會發現貝斯的低音不幸被抵銷掉了。

這種時候又應該怎麼辦？貝斯音箱離收音點的麥克風愈近，相位差就會愈小。然而麥克風離喇叭太近，又只能收到錐盆的振動，得不到耳朵聽到的音色。終究還是把收音點定在聲音聚焦最多的地方，並且致力於「近距離收音的音色以遠距離錄製」的目標。事實上，只要把麥克風架在聚焦點最多的地方，往往能讓錄下的音訊在相位上與線路輸入的音訊一致。

如果還是發生相位不一致的問題，若使用 DAW，就以前面提到的方式將波型的相位對齊，在貝斯的錄音上一樣有效。在 DAW 出現之前，只能在線路輸入的音軌上加延遲效果，使音訊與麥克風收音相位更接近。不論何種方式，都非常重視用自己的耳朵確認。尤其 DAW 相當重視視覺介面操作，很容易發生視窗上的波形看起來有對齊就 OK 的錯覺，事實上混音結果是否成功，我認為最好還是用耳朵親自確認才算數。

SUMMARY

☞ **電貝斯收錄總整理**

○ 音箱出來的聲音就是貝斯手想要的音色

○ 線路收錄比較容易收到貝斯該有的低頻

○ 混音時要注意相位

▶ 低音提琴的錄製

　　低音提琴（contrabass; double bass）最標準的收錄方式，是採用拾音器的線路錄音。在古典以外的音樂類型中，低音提琴手參加錄音，幾乎都會自備低音提琴專用的拾音器。許多廠商都生產販售這種拾音器，樂手也可以依照喜好選購。拾音器雖小，卻能忠實傳達低音提琴的音色，再經由 DI 線路收錄。

　　以線路錄音為基準的錄音方法，通常是將 SHURE SM-57 用海綿墊捲起來，固定在琴身的琴橋與繫弦板（tailpiece）之間（**例圖②**）。這種收音法可以收錄更多琴橋傳來的音色，這些音色具有更多

◀**例圖②**　收錄低音提琴時，也有以海綿墊包麥克風的做法

▲圖片③　使用 M49 的低音提琴收錄示意圖

起奏音的元素，在許多類型裡都是很有效的錄音方式。

　　上述的兩種方式，收錄出來的厚度都會大於低音提琴的整體音色。如果無論如何還是想要低音提琴的音色，則可以將電容式麥克風架在聲音的聚焦處（**圖片③**），重點在於找到低頻聲響豐富，還可以聽到清楚貝斯樂句旋律線的收音位置。因為低音提琴體積大，不同位置的音色各異，必須更加仔細聽出合適收音點。建議先從三十公分左右的距離開始，一邊慢慢後退一邊聽低音提琴的演奏，以找出合適位置。如果已經找出幾個合適的範圍，再從中找出最具有低音提琴感覺的點，以及沒有太多運指音（fingering noise）的點（或適當處）收音。麥克風的選用上，還是偏好低頻表現較佳的款式，例如 NEUMANN M269、M49、U47、U47FET 之類。筆者自己也常用 DPA 4003 與 4012 收錄。

　　低音提琴手有時也會自備小台的貝斯前級，這種時候就比照電貝斯，由音箱音色的調變反映演奏者的喜好，則有需要考慮以擴大機的線路輸出與麥克風收音錄製。

SUMMARY

☞ **低音提琴收錄總整理**

○拾音器的音色特性反映出演奏者的喜好

○以麥克風收錄時，必須找出平衡表現佳的收音點

▶ 加掛壓縮器或等化器的錄製

為了控制低音提琴的起奏音與釋放音（release），在收錄時往往會使用壓縮效果。當然如果加太重，會呈現與貝斯手想像不同的動態特性，所以必須配合樂手想要的感覺與曲風，調整出不同的動態。

使用的壓縮器機種款式可以憑個人喜好選用，但是因為一般使用時不甚需要太快的反應時間，通常會把起奏音調整得較短。筆者喜歡DBX 的效果，一般錄音工程師偏好使用的則是 UREI 1178 或 LA-2A，還有 FAIRCHILD 等等。有時候貝斯手會使用自備的壓縮器，這時壓縮過的貝斯音色可視為該樂手的個人風格，可以直接經過樂手自備的效果器踏板錄音。另外有些貝斯手會主張「現場的時候過效果，錄音的時候不用過」，如果對方現場演奏的音色聽起來夠好，就不需再猶豫是否直接以現場演出的設置收錄。當然如果貝斯手堅持不用，也就不勉強對方一定要過效果器踏板。錄製貝斯之前，還是要記得與貝斯手充分溝通。

等化器也是貝斯錄音時常常加掛的外接效果器，基本上會在壓縮器之後，由插入點加掛。提高 1kHz 或 800Hz 頻段，可以讓貝斯的樂句線條更加清楚；調高低頻，也可帶出安定感。有時候也會把等化器單獨掛在監聽聲道上，如果錄音混音是以預想的完成意象去逐步形塑

聲音，輸入音源加掛效果其實完全沒有問題。我們更應該記住，因為貝斯是一種重要的樂器，錄製時更必須考量整體的平衡，才能堆砌出錄音整體的音色。

吉他的錄製

　　吉他也與貝斯一樣，分插電與不插電兩種。兩種吉他都很常出現在流行音樂裡，可說是最常被錄音的一種樂器。大部分時候兩種樂器都以麥克風收錄，但是最近也有線路輸入後，進入混音程序再以音箱模擬效果調整出音色的情形。這時候也要以預想的完成意象去逐步形塑聲音。這裡還是要重申，錄音與混音作業其實沒有明顯的分界。

▶ 錄製電吉他時的麥克風擺位

　　在收錄電吉他時，都會把麥克風對準吉他音箱，位置也與前面所提一樣，都是焦點聚集處。由於吉他手自己都會在一定的距離外聽音色，麥克風也有必要與音箱保持一段距離（**圖片①**）。尤其是內建兩隻喇叭的吉他音箱，聲音聚焦處的距離更是比想像遠。吉他連接破音

▲**圖片①**　對準 FENDER Twin Reverb 收音的 DPA 4003。遠距離收音音質媲美近距離收音，就是聚焦點收音的特色

踏板之後的大音量演奏看似麻煩，卻可以請吉他手稍微調低音量之後，用你自己的耳朵找出合適的收音點。據說業界某位以錄製硬搖滾出名的製作人，會花上一整天的時間找出吉他音箱的最佳收音點。音量太大會讓耳朵過度疲勞，要錄音只能等隔天再說。這樣的演奏錄音平常根本不可能遇到，實際遇到了，尋找最合適收音點時，還是得留意自己耳朵的安全，切忌沒頭沒腦就把頭往音箱旁邊靠。畢竟麥克風的收音點，終究只能用自己的耳朵找出來。

此外，在樂團同時參加演奏錄音時，把收音點拉得太遠，難免會收錄到其他樂器的聲音。這種時候可以把麥克風貼近吉他音箱收音（**圖片②**），距離雖近，其實還是有幾個焦點聚集的位置（**例圖①**）。別把近距離收音混為一談，建議仔細聆聽找出最合適的收音點。

在收音用麥克風方面，由於大部分錄音作品都以 SHURE SM57收音，實際使用 SM57 之後，就會明白麥克風的特色。事實上 SM57就是一支能確實捕捉電吉他音色溫度的麥克風。想要多收高頻段的時候，通常會使用 AKG 的 C451 或 C414。音箱播放的音訊如果在一定音量以上，線路會自然產生過載（overdrive）現象，使音色帶有勁

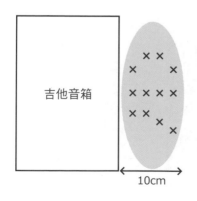

▲**例圖①**　近距離收音時也要找出聲音聚焦處

▲**圖片②**　麥克風收音點貼近音箱的示意圖，可與圖片①相比較

道，也就是說，吉他音箱的音量往往要開大。所以使用 SPL 值低的電容式麥克風收音，也容易產生失真，使用上要特別留意。麥克風與破音吉他的失真難以分辨，必須要仔細區分哪種狀況是音箱的訊號失真、哪種又是麥克風的訊號失真。前面介紹的那位知名製作人，據說會刻意利用 NEUMANN U87 收音的失真製造錄音效果。就算音訊的失真能襯托吉他音色的明亮度，還是請各位讀者當成是少數特例。要檢查麥克風收音是否失真，將音箱音量調小，由近場式監聽喇叭監聽還是最有效的方法。如果麥克風的部分發生失真，會形成與吉他音訊分離的噪訊，便可以判斷出不是來自擴大機的失真。

筆者喜歡的收音方式，則是以 DPA 4003 收錄音箱整體的聲音。4003 是一款電容式麥克風，但是 SPL 值非常高，不容易失真，可以放心收錄音量全開的 MARSHALL 音箱，在錄製破音吉他的時候也是不可或缺的一支麥克風。

如果想要強調斷音的起奏部分，或是想要壓低演奏的電平，錄音時往往會將電吉他的線路先過壓縮器。例如以 UREI 1176 壓低較大的電平，就可以讓演奏音量聽起來比較穩定。後面再以 NEVE 1073 或 1081，還是 PULTEC 之類的等化器推高頻，這種常見技巧可以更加表現出電吉他音色的豐富倍頻特性。尤其 1073 更可以有效帶出搖滾吉他的必要元素，是一種被許多錄音工程師愛用的器材。

SUMMARY

☞ 以麥克風收錄電吉他的總整理

○ 找出收錄吉他音箱整體音色的收音點
○ 留意麥克風的失真

▶ 充滿例外的工業搖滾風

前面已經介紹了各種電吉他的收錄方式，但是在工業搖滾（industrial）這種類型底下，又充滿各種例外，在此一併補充說明。

在吉他音箱的收音上，筆者只執行過一次近距離收音錄出 OK 錄音的案例。在錄製 PIG 主唱雷蒙・華茲（Raymond Watts）的演奏時，本來在 MARSHALL 音箱前架設 AKG C12A 給他演奏，他碰都不碰就直接要求：「直接用 SM57 貼近音箱，訊號過 SSL 的 EQ，4kHz推滿！」我半信半疑地照要求去做，結果發現監聽音色與專輯裡的一模一樣。雷蒙平時也從事錄音師的工作，才敢對同行直接提出要求，當時帶給我相當大的震撼。

工業搖滾主要的重複樂句，需要比普通吉他破音更多的高頻。如果只以單顆破音效果器踏板連接線路錄音，就可以錄出相當好的效果。如果再把線路收錄的音訊，與從音箱收錄的麥克風音訊混合起來，又可以產生與平常習慣的吉他破音不同的工業搖滾音色。如果再將相同的樂句分兩軌錄製，就可帶來更強的效果。

▶ 錄製空心吉他時的麥克風擺位

收錄空心吉他（木吉他）演奏的時候，也很重視麥克風的擺位是否在聲音聚焦點上。因為空心吉他音量小，相對容易找到聲音聚焦點。有時候運指或撥片音較大，建議選擇運指音與撥片音較小（或是適當）的位置收音。如果直接對準共鳴孔收音，低頻太多容易使整體聲音不清楚，如果從指板或琴橋的位置斜角對準共鳴孔收音，則音質又會呈現大幅度變化。所以我們在選擇收音點的時候，務必要把樂器的聲響、雜音音量與合奏平衡等因素都納入考量。

如果吉他手變換演奏方向，也會對收錄的吉他音色帶來很大的影響，所以在收錄空心吉他演奏時，請務必記得拜託吉他手「收音點在

這裡，請對著這裡彈」。如果能在吉他手的位置前面用膠帶貼出一條線來標示角度，也是一種有效的辦法（**圖片③**）。如果錄音次數多，中間可能會有休息時間，有了標示就可以維持相同的錄音方向，意義相當重大。如果吉他手演奏中一直變換角度，貼了膠帶通常可以讓演奏保持在可接受的收音範圍裡。

筆者幾乎都會使用電容式麥克風收錄空心吉他，其中最愛用的是AKG C12 或 C12A，這兩款麥克風在高頻上的表現，與空心吉他相當匹配，可以收錄所有想要的頻段特色。筆者愛用的 4003 反而會收錄太多琴體的共鳴，通常必須適當地削去低頻。頻段的取捨，可說是空心吉他收音上的一大難處。即使是動圈式的 SHURE SM57，在收錄吉他時也需要動用等化器限制頻率範圍，以搭配整個曲調。收音時重視的是尋找收音點的時候，把麥克風的近鄰效果特性也納入考量。

另外還要簡單提一下內建拾音器與輸出端子的電空心吉他（electro-acoustic guitar）。通常內建主動式（active）線路的款式，線路輸出的音質通常會很好，所以常常由線路音訊錄製。如果一些偏搖滾風的曲子需要尼龍弦的吉他，為了要表現出勁道與音量感，使用內建拾音器與輸出端子的款式，可以錄出更好的結果。

◀**圖片③**　在地板上貼膠帶，以提醒樂手對著麥克風演奏

製作人丹尼爾・拉諾瓦（Daniel Lanois）會在吉他的線路輸出音軌以外，以另一支麥克風收錄小型吉他音箱擴大的聲音，只要一支麥克風同時錄製，就可以錄出有個性的空心吉他音色。筆者一試之下發現，可以呈現出線路輸入或麥克風收音無法呈現的音場深度，我認為是一種不受空心吉他原音性質侷限的靈活手法。

▶ 空心吉他的加掛效果錄製法

空心吉他音量小，前面已經提到各種雜音很容易干涉音色。麥克風擺位的變化可以減少運指的雜音，但類似演奏者身體的移動、衣服的摩擦，椅子搖晃發出的吱吱聲，乃至吉他手蹬地板的聲音都在所難免。這時候麥克風或麥克風前級的低音阻斷開關或等化器的低頻拉低就可派上用場。只要削減低音，這些礙事的雜音也會減少很多。但削減低音也容易影響錄音電平，所以調整時務必留意底噪的比例。

以壓縮效果調整出刷弦的顆粒感，也是收錄空心吉他的基本技巧之一。壓縮可以更清楚帶出空心吉他特有的頻段，具有一石二鳥的效果。筆者如果在這種情況使用 UREI 1176，常使用的壓縮比是「8：1」或「12：1」，這樣的比例可以讓聲音動態上比較平均，也可以錄得比較漂亮。當然如果每次的演奏音量都不一樣，則需要分次錄音，這時候可以靠壓縮比的調整，讓吉他的音量保持平均範圍。

木吉他可說是錄音工程師最常在工作時看到的樂器，找到屬於自己的收音設定方式顯得相當重要。

鋼琴的錄製

鋼琴是一種比鼓組大的樂器，鋼琴的音色來自本體的每一個部位。鋼琴的收錄作業相當困難，業界甚至有「錄得了鋼琴，就可獨當一面」的說法。但如果能把它想成單一的樂器，就可以用收錄其他樂器的思維去收錄了。只要不忘記「把麥克風擺在聲音聚焦處」的原則，即可有恃無恐地錄製鋼琴演奏。本節詳細說明鋼琴的錄音法。

▶ 單支麥克風的鋼琴錄製

DTM 上的鋼琴音源，一般都設定成低音在 L、高音在 R 的設定，但這種定位又是如何決定出來的呢？有一次我跑去問一位鋼琴手：「你希望鋼琴的聲音在立體聲底下聽起來是這個樣子嗎？」鋼琴手的回答卻是：「我從來沒打算彈成那種樣子。」只要看過鋼琴琴弦的配置，就可以簡單確認出琴弦的位置與鍵盤音高無關。所以鋼琴音源的「清楚定位」，其實是錯誤的印象，錄音工程師大可以不必拘泥於這樣的定位感。

現代業界有一種「鋼琴就要以立體聲錄製」的默契，但是一首曲子的鋼琴是否真的需要以立體聲錄製，則需要事前的仔細考證。

如果曲子的氣氛上不是那麼需要立體感，就可以毫不猶豫地用一支麥克風收錄鋼琴演奏。這種時候就不必再考慮「鋼琴有很多條弦」或是「鋼琴體積很大」之類的問題，而把鋼琴當成單一音源收錄，作業上會更能順利進行。在架設麥克風之前，不妨先繞行鋼琴周圍，找出聲音焦點最為密集的位置。一開始以三十公分為單位，習慣之後進一步以十公分為單位去聽各處的焦點，必能找到幾個兼具擊弦感與豐

富共鳴的聚焦點，最後再從錄音上需要較多擊弦感還是共鳴，找出最合適的收音點。只要對準最合適的收音點，即使只有一支麥克風，也可以錄出鋼琴的一體感，請各位讀者務必試試看。

收錄鋼琴演奏時使用的麥克風，還是以電容式麥克風為主；筆者愛用的麥克風是 DPA 4003、AKG 的 C12 或 C12A（4003 是全方位機種）。收錄搖滾鋼琴的時候，則使用 SCHOEPS 或 AKG 451，通常能錄出樂手滿意的錄音。C451 清亮的音質很適合收錄鋼琴，在許多錄音第一線都得到好評。此外，NEUMANN U87 也常用於鋼琴的收錄上，成為許多錄音工程師心目中的標準機種。

由於鋼琴是頻率響應廣的樂器，外接效果器絕對不能隨便亂接。麥克風前級也重視聲音表現，有選用高級機種的傾向。但是錄製搖滾鋼琴時，時常會在錄製同時過壓縮器或等化器。壓縮器的運用上，如果使用 UREI 1178，則設定較長的起奏時間、較短的釋放時間與較多的增益抑制；在 API 或 NEVE 的等化器，則配合曲子進行推高 1kHz 或 2kHz 頻段，可以讓鋼琴與樂團一起演奏的時候，有更突出的存在感，但印象上並不是帶來更明朗的氣氛，而是在略低的音域上與吉他互別苗頭。

單支麥克風收錄鋼琴，是最能理解鋼琴這種樂器的錄音法，請各位讀者有機會務必試試。

SUMMARY

☞ 以一支麥克風收錄鋼琴的總整理

○尋找收音點時，當做單一樂器處理
○以麥克風的收音距離調整擊弦質感

▶ 多支麥克風的鋼琴錄製

有的演奏錄音可能需要鋼琴音色上的立體感，但是我們必須記住，錄音上追求的絕非「鍵盤的立體感」。否則就會墮入追求虛幻理想的收音地獄，得到悲劇般的錄音成果。

實際上用兩支麥克風錄音，必須要對準擊弦位置，並且擴大音場範圍（**例圖①**）。距離上當然還是以「聲音聚焦處」為原則，不但容易捕捉擊弦的起奏音，也可以錄出立體感。如果再把麥克風的指向轉向反射板，則可以增加音色裡共鳴的成分。同樣的立體感之中，可以改變各音色要素的平衡，便是鋼琴錄音的精髓。

另一種方式是把麥克風架在音孔旁約三十公分的距離，也可以得到好的結果（距離只供參考）。首先兩支麥克風間的距離約兩耳寬度，如果這個距離聽不到中間音場，則縮短麥克風距離或將麥克風交叉架設，都可如實表現出曲調需要的立體感。這時候不論使用指向性麥克風還是無指向性，都可以得到理想的效果。

如果像前面段落所提，已知單支麥克風的理想收音點，則可以在相同位置再增設一支麥克風。

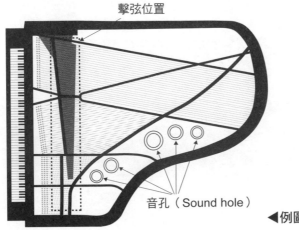

擊弦位置

音孔（Sound hole）

◀**例圖①** 鋼琴的收音點

　　音場中間音量較小的「空洞」現象，在近距離立體聲收音時屬於常見問題，可以經由上述的調整麥克風距離加以控制，有時也可以選擇透過置中麥克風補收。如果錄音欠缺擊弦的起奏音質感，可以用SM57架設在離想要收音的琴弦附近，多半可以得到想要的效果。這是一種用兩支麥克風收錄基本音色，再用SM57加上擊弦音的概念。

　　如果錄音上重視共鳴，在聲音聚焦處另外架設環境音麥克風，也是有效的方法之一。麥克風可以用單聲道或立體收音，但也可以用無指向性麥克風充分捕捉空間的氣氛。此外，在使用環境音麥克風的時候，也有需要考慮相位上的問題。如果麥克風收音點都在聚焦範圍內，基本上不太容易發生相位不一致問題，如果發現了類似問題，可以移動收音點，或透過DAW對齊波形解決。

　　請各位讀者記得，鋼琴可以透過內部組件的調整改變音色，反射板開啟的角度大小，當然也會影響音色的明亮度，如果鋼琴手要求「多給我一點擊弦感」，與其改變麥克風的位置，不如把譜架的板子從鋼琴上移開更有效果。

　　鋼琴細節的安排，通常需要事先與鋼琴手或錄音室工作人員溝通，這些環節的重要性不下於尋找合適收音點，甚至可以得到更好效果。如果演奏錄音的工作時間較長，還可以和鋼琴調音師討論，到時候就會發現鋼琴是一種非常有趣的樂器。

SUMMARY

☞ 多支麥克風收錄鋼琴總整理
○ 立體聲收錄時小心中段「空洞」
○ 留意各收音點的相位

弦樂的錄製

　　雖然稱為弦樂編制，也可以視為各式各樣的配器。從小提琴獨奏，到四重奏（第一小提琴、第二小提琴、中提琴、大提琴），四重奏編制各兩人的雙四重奏，以及依照編曲樂譜需求，增加各聲部厚度的增員編制，如6-4-2-2（第一小提琴六把、第二小提琴四把、中提琴與大提琴各二把）、8-6-4-4、8-6-4-4-2（加兩把低音提琴）等，以此類推。

　　弦樂編制又應該如何收音呢？讓我們繼續看下去。

▶ 在錄音室收錄弦樂

　　在錄音室收錄弦樂演奏，如果以6-4-2-2為例，錄音棚裡就擠了十四個樂手，一開始可能感到怯場。冷靜想想，只要把主麥克風收音點裝在「聲音聚焦處」，成功就不是難事。演奏的平衡方面，樂手們也會自己想辦法維持。

　　首先，趁樂手在練習的時候先進入錄音棚，用耳朵聽出「聲音聚焦處」。因為合奏編制龐大，主要的立體麥克風必須架在錄音棚上方來收錄整體音色，尋找聚焦位置相對也變得困難，但就如同收錄鼓組演奏一樣（第123頁），只要參照從正面聽起來的感覺，就能便於找出大致的聚焦位置，然後才進行微調。

　　立體聲錄音的麥克風擺位也有各種方式。不管是XY方式交叉架設收音、三支麥克風收音以防止音場中間的空洞，還是以「笛卡樹」（Decca Tree）方式錄出寬廣音場，都依照配器編制與錄音場所空間特性不同而異，請在累積一定經驗之後，看情形決定麥克風的架法。

▲圖片① 6-4-2-2 編成弦樂合奏的收錄作業示意圖。每一個聲部架設一支 U67，位置較高的兩支環境麥克風 4003 均加裝球體音壓等化蓋 L40B （Acoustic Pressure Equalizer）。在各聲部的聲音焦點聚集處架設 U67，固定在立體麥克風座上的 4003 則用來收錄整體演奏

　　此外，在各聲部架設的麥克風，在數量上也依照編制規模有大有小，通常是每一個聲部各使用一至二支。基本上，如果全部都能使用相同的麥克風，錄出的成果也會較好。先請各聲部獨立演奏一段音樂，以找出聲音焦點聚集的位置，這時候不論聲部有幾個人都要當成單一樂器收音，這點很重要。此外，平衡不是從麥克風之間取得，而是以立體聲麥克風收錄到的全體音色為底，慢慢加上其他麥克風收錄的聲音，再進行微調。

　　筆者通常以NEUMANN U67收錄各聲部。這種時候都會搭配 L40B（音壓等化器，Acoustic Pressure Equalizer）以提高音壓，算是將無指向性麥克風對高頻以外的指向性全部排除的設置。因為音壓等化器推出來的高頻，比用增益推出來的更自然，筆者才會愛不釋手。除了弦樂以外，筆者也時常應用在鼓組的置頂麥克風與主唱的收錄上。

人聲的錄製

　　一般的錄音作業，會把人聲放在分軌錄音的最後部分進行。因為歌唱是一首歌曲的核心，收錄上更需要細心控制。此外，演唱人的身心狀況也會左右錄音的成敗，比起其他樂手，錄音工程師重視如何為歌手營造一個「容易進入狀況的環境」。從調暗照明到飲料的準備等細節，都是為了讓歌手能在好心情之下順利完成錄音作業。

　　營造一個好的歌唱環境，並且把表現出來的歌唱完完整整收錄起來。說起來簡單，但請各位讀者記住，這可是一項極為細膩的作業，必須與歌手進行相當程度的溝通，才能讓作業順利進行。

▶ 收錄人聲時的注意事項

　　在收錄人聲時，收音點還是會擺在聲音聚焦處。當歌手清唱時，錄音工程師在前面走來走去，你或許怕歌手會介意，但是為了找出收音點，還是別害羞。能先和歌手溝通以取得信任，歌手是絕對不會介意你在面前走來走去的。

　　走過一遍你就會發現，人聲的聚焦點比想像中的還要遠，照片裡看到麥克風只離歌手十公分，未必都是正確的收音點。尤其在收錄古典音樂的時候，通常會把麥克風架在歌唱者斜上方一公尺的位置，由此可知近距離收音對聲量充足的聲樂家而言沒有意義（**例圖①**）。不論如何，人聲的收錄還是最重視「保留那個人的特色」。所以必須從聚焦處找出幾個收音點，再找出最好的位置架設麥克風。

　　有時候也會遇到一些歌手反映「沒有近距離麥克風，沒有辦法安心唱歌」的情形，為了讓歌手能放心唱歌，一定要答應對方。麥克風

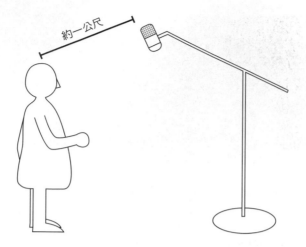

▲**例圖①** 古典音樂人聲收音示意圖

離得太近，容易因為近鄰效應而收進太多不必要的低頻。不是所有麥克風都像 SHURE SM58 一樣，在設計上減低近鄰效應的影響，所以必須小心超短距離的收音。即使是近距離收音，也可以找出許多聚焦位置，所以必須找出最好的聚焦位置收音。

即使如此，還是有歌手希望以超短距離架設麥克風，這種時候可以嘗試以下兩種方法。其中一個是用網面防噴罩取代隔離網（**例圖**

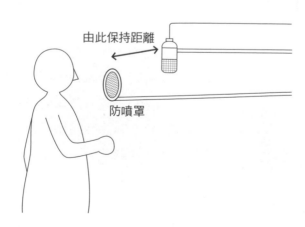

▲**例圖②** 以防噴網避免近距離收音的設定示意圖

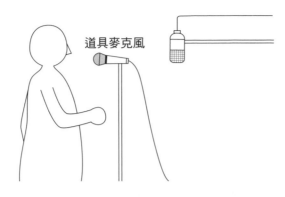

道具麥克風

▲**例圖③**　以道具麥克風避免近距離收音的示意圖

②）歌手，以保持歌手與麥克風的距離。告訴歌手「這樣的距離是OK的」並輔以說明太靠近麥克風唱歌，可能導致鄰近效應，大部分的歌手應該都會願意配合。另一種方法是在歌手面前立一支麥克風，假裝是近距離收音的麥克風，但實際上不收錄聲音，而是以距離較遠的麥克風來收音（**例圖③**）。這都是現場必要的臨機應變方式。

　　收錄人聲時另一個要顧慮的，則是「噴麥」問題。麥克風振膜收到歌者的呼氣聲，會產生「噗」、「轟」之類的雜訊，不是把麥克風拿遠就可解決。如果各位讀者在電視上看過科學實驗，就會知道空氣槍的風壓可以傳達到很遠的地方，所以光是保持距離也無法防止噴麥。此外在錄音時可能不會發現，在歌唱音軌上套用殘響卻發現不妙的情形很多，尤其英語發音的「p」、「t」兩個子音尤其要留意，不可掉以輕心。

　　用防噴罩防止噴麥，即可產生一定程度的效果。打開麥克風或前級擴大機的低頻阻斷開關，都是基本的技巧。不過防噴罩也會累積一定程度的高頻，有的歌手不喜歡用。這種時候可以將麥克風頂端的角度稍微向上調高，就可以有效避免噴麥了（**例圖④**）。

　　另外也要避免嘴唇雜音（lip noise）。不同歌手難免會有嘴唇雜音，這時候如果能為歌手準備飲料，即可有效減少嘴唇雜音。收錄作

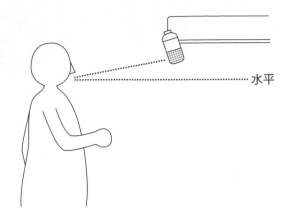

水平

▲**例圖④**　從斜上方對準，以防止噴麥問題

業中不用太過於吹毛求疵，然而嘴唇雜音在套用延遲或殘響效果後，有時會被強調出來，所以如果能在發現的時間點上留下筆記，在後面的混音作業上必能帶來幫助。

SUMMARY

☞ **收錄歌唱的注意事項**

　○迅速設定

　○近距離收音時是否能改善屏蔽效應問題

　○噴麥或嘴唇雜音問題是否妨礙混音

▶ 適合錄製人聲的麥克風與麥克風前級

　　收錄人聲的時候，值得從各式各樣的電容式麥克風中找出想要的質感。筆者喜歡用 AKG C12、C12A，一般受歡迎的機種還有 NEUMANN U47 Tube 或 AKG C414。此外 NEUMANN U87 也是大家經常選用的機種，有時候也會用到 SHURE SM57，多半是想要比較

窄的頻率響應，或歌手表示「沒拿麥克風就唱不出來」的情況才會使用。

事實上，錄音工程師在收錄人聲的時候，還是會拿出自己的參考用麥克風。因為如果有了參考用麥克風，通常就可以充分掌握收錄重點與人聲的特質。在這層意義上，筆者也常常使用C12或C12A，至於大部分的錄音工程師，大致上都會用U87收音。一次架起五至六支麥克風，依照歌手路線或曲風選出合用的麥克風進行收錄，也是錄音室常見的場面。選出麥克風之後，歌手會認為「找到適合自己的麥克風了！」並在錄音過程中努力表現。但是連續踩一分鐘的低音大鼓，與連續唱一分鐘畢竟是截然不同的兩回事，有時候歌手可能想著：「什麼時候輪到我唱呀？」所以筆者認為架設麥克風事不宜遲，最好趁歌手還有心情唱的時候就架好。當然如果歌手有時間，也願意逐一測試幫忙找出錄音用的麥克風，則不在此限。

麥克風前級也與麥克風一樣有眾多機種可選，筆者習慣使用的包括 NEVE 1073／1081、TELEFUNKEN V76m 之類的經典機種。NEVE 或 SSL 控台內建的麥克風前級音質也很好，也有人喜歡 GML 8300 或 FOCUSRITE 115 的音色。不同機器有不同特性，但都可以錄製想要的頻段，所以可以放心使用。例如想要「在中頻響應較強的位置增加一些特性」的時候，就可以用1081當前級。不過在選用的時候也求當機立斷，像在選麥克風一樣。

▶ 當錄製時需要加掛壓縮器的情況

錄製人聲的時候也常常在錄音時就過外接效果，主要使用的外接效果是壓縮器，適當使用壓縮，會讓歌手容易在監聽耳機聽到自己的聲音。不過有些歌手一聽到自己的聲音加了壓縮器，會反射性地唱得比較小聲。這種時候，錄音工程師必須當下關掉壓縮效果。

筆者通常在為人聲套用壓縮的時候，習慣在 UREI 1176 上保持

「12：1」的壓縮比，大部分時候會把起奏音與釋放音時間設定得比較短。壓縮比看起來偏高，但是出來的聲音與原始音訊的音量差距不大，通常會讓歌手比較好唱。與壓縮比「4：1」相比，會發現「12：1」比較不會讓電平聽起來零零落落（**例圖⑤**）。如果要強調大動態，會用其他設定，如果再把歌唱與其他樂器的搭配列入考量，則減少零落的音訊會比較容易監聽，也讓歌手容易繼續唱下去。

至於人聲的音訊電平控制上，不僅在外接效果器的面板上下工夫，錄音工程師也發揮各種巧思。有人會完全手動控制錄音電平，有人透過監聽音量控制。不同的方法各有優缺點，如果能在之後重現這些電平音量的變化，都稱得上有效的辦法。

不論如何，在錄製人聲時，電平的控制都與錄音表現息息相關。如果電平控制失敗，最壞的情況是歌手沒辦法繼續唱，所以錄音工程師必須特別小心。問題可能出在監聽，所以從監聽用混音的品質，也可以看出錄音工程師功力的高下（後面第 168 頁會介紹監聽的技巧）。如果演奏錄音結束後，歌手跑來反映「這首歌很好唱」的時候，對錄音工程師來說是莫大的讚美。

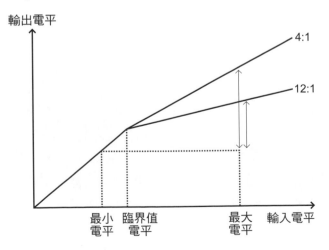

▲**例圖⑤** 不同壓縮比的音量差

SUMMARY

☞ **人聲錄製總整理**

　○最重要的是營造適合的作業環境

　○認清這是相當精細的作業

線路輸出器材的錄製

本書把電鋼琴、電子合成器與取樣機一併稱為「線路輸出」樂器，基本上這些樂器的收錄不會用到麥克風，所以錄音工程師也比較不會花工夫在設置這類樂器上。

但是透過各種方式，線路輸出樂器也可以呈現出「更好的音色」。

▶ 理解樂器特質的重要性

首先最重要的是，掌握樂器本身的音色。同樣是電鋼琴，WURLITZER 與 RHODES 有什麼不同，合成器 Minimoog 與 ROLAND Juno-106 又有什麼不同？錄音工程師必須像鍵盤手一樣，清楚不同鍵盤樂器的音色特質。否則就無法順利收錄鍵盤手的演奏，有時甚至把音色最重要的頻段給攔截掉了。

所以錄音工程師必須常跑樂器行，盡可能實際試彈各種電鋼琴與合成器。最好也同時記得類比電子合成器訊號是以 VCO→VCF→VCA 順序處理。有了這些知識就可以與鍵盤手更順利地溝通，例如收錄時發現高頻太多，就可以要求鍵盤手「用低通濾波器把高頻切少一點」。

在 DAW 普遍的今日，如果再理解一些 MIDI 的知識會更好。如果一個錄音工程師聽不懂「量化」（quantize）指的是什麼，會得不到樂手的信任，這是殘忍的現實。

▶ 線材影響音色？

　　接著，要講解線路輸出器材的收錄方法。作業的前提是讓樂器發出最好的音色，但如果想要得到更好的音色時，就可考慮以麥克風前級或 DI 為音訊增加特色（**例圖①**）。只要讓電子樂器類的音訊過這類器材，就可以讓音色的特質得以增幅，補足音色不足處，或增加整體對比。另一種有效的方法是更換訊號線，實際試過才會知道音色的驚人變化。即使不必達到發燒友的等級，只要能掌握代表性線材的聲音傾向即可。

　　此外，更換電源線同樣也有顯著效果。大部分人不會相信電源線可以改善音質，但實際嘗試才會「一聽瞭然」。電源線的效用在發燒音響圈已是奉行已久的常識，去音響專賣店實際試聽，並透過音響雜誌掌握相關資訊，都是錄音工程師必須的學養。我認為訊號線與電源線在錄音室界裡得到的認知還不夠廣，今後錄音工程師應該將訊號線視為錄音參數之一，並積極地運用在錄音工程上。

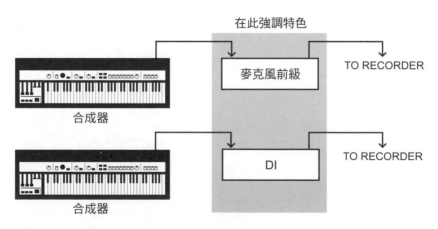

▲**例圖①**　線路輸出刻意製造特色的示意圖

關於監聽

　　不論收錄何種樂器，最重要的還是本節要解說的「監聽」。監聽的品質不僅可以讓錄音工程師判斷演奏表現或音色的好壞，甚至也會影響樂手的演奏表現。和聲感稀薄的樂團合奏，可能會讓歌手唱歌時聽不清楚伴奏而難以發揮，吉他手在刷短音符和弦的時候，也可能會因為樂團伴奏的節奏感不清楚而不易施展。即使不是這麼極端的狀況，只要監聽音色之中有一個部分不對勁，往往會讓樂手無法表現出應有的演奏水準。

▶ 兩聲道混音時的監聽

　　一般印象中往往以為，在專業錄音室監聽，就必須從巨大的主控台或錄音棚的監聽混音器（cue box）進行個別的複雜調整，但基本上在主控室裡的錄音工程師，和錄音棚裡的樂手一樣都聽著一樣的兩

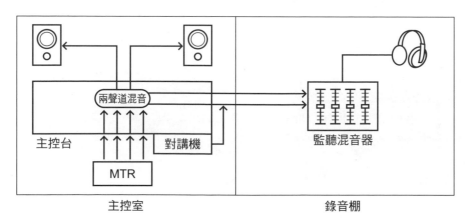

▲**例圖①**　錄音時的監聽

◀圖片① 對講系統面板。主控台內建麥克風，按下對講開關就可以與錄音棚通話

聲道混音（**例圖①**）。主控室送出同樣的監聽音訊，錄音棚裡的樂手則只以監聽耳機收聽。

　　與自宅錄音不同之處，在於專業錄音室的主控台內建了對講系統（talkback system，**圖片①**），只要按下通話開關，就可以在錄音棚裡聽到主控室裡的對話。唱片製作人或製作總監不必走進錄音棚，就可以直接在主控室通知樂手錄音是否順利（製作總監的位子旁邊，往往也設置通話開關）。對講機的音訊當然不會進入監聽喇叭，如果按下通話開關，會啟動監聽輸出聲道的無段調整開關（dimmer），以預防對講造成控台監聽喇叭的音訊回授。

　　另一方面，錄音棚裡的樂手通常會透過對講用的 SHURE SM57 與主控室通話，有時也會透過樂器收音用的麥克風與主控室通話。監聽混音器往往也內建麥克風，SSL 的主控台內建的「Listen Mic」功能，也透過錄音棚牆上預設的麥克風發揮效用。這個「Listen Mic」音訊本身加掛了很強的壓縮，即使收到很大的音量，也不會發生回授，據說彼得‧蓋布瑞爾在專輯《III》裡，還用這只對講用麥克風收錄鼓組演奏。一般鼓組音色經過壓縮，銅鈸的音色會變得格外刺耳，這種功能在不使用鈸類的演奏錄音段落中，發揮了極大的效果。

　　但是對講用的音訊通常不納入錄音範圍。所以錄音時偶有疏漏，監聽時的樂器音色沒有問題，實際錄音卻鬆鬆軟軟，這是因為監聽時打開對講用麥克風，錄音時又關掉，監聽與錄音時的音量完全不同所

致。在決定錄音用音色的時候，非常重視這類非錄音麥克風的頻道推桿位置。

▶ 當樂手需要監聽用混音的情況

基本上監聽可以從兩聲道混音去判斷，但錄音作業中必定存在著例外。例如錄音工程師想要監聽的混音平衡與樂手想要監聽的混音平衡不同。其實這種情況並不算例外，甚至是經常發生，在此要說明為何處理。

樂手對於監聽混音常常要求「vocal送多一點」、「我的樂器大一點」、「把click調到最大」，不論何種情形，只要把兩聲道混音中增減一部分，都不會導致太大的問題，但如果在需要相當極端的混音平衡的情況，主控室會先產生問題。

其中一個問題是，錄音工程師難以專注於判斷樂手的演奏，所以很難判斷演奏錄音OK還是NG。反覆聽著與最後兩聲道混音完全不同的混音音訊，也是另一個問題。這裡一再想傳達的是，音質很難從整體的混音之中控制。

這種時候就必須傳送主控台與錄音棚兩組不同的混音。方法有好幾種，在日本主要的處理方式，是使用監聽混音器。監聽混音器原本只是一個外接耳機盒，使用時把監聽耳機插進去就可以了。但是現在已經變成耳機前級＋小型混音器的樣貌，可以讓樂手自行混音想要的監聽音訊。所以錄音工程師如果可以送出與兩聲道混音不同的監聽音訊，就會更加輕鬆。通常樂手用監聽會從AUX或tape out直接傳送（**例圖②**）。這時候因為樂手從監聽混音器調整混音平衡，只從單獨樂器的音訊，而不是兩聲道混音去控制，就會聽不到從主控台對講頻道送出的兩聲道混音，所以使用上必須特別留意。此時，有必要另外從對講頻道拉一組兩聲道混音給樂手監聽。監聽混音器本身的輸入頻道數頂多只有六頻，所以必須再多送一組兩聲道混音。關於監聽混

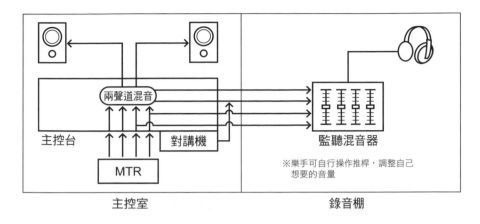

兩聲道混音

主控台　　　　　　對講機

MTR

監聽混音器

※樂手可自行操作推桿，調整自己
想要的音量

主控室　　　　　　　　　　　　　錄音棚

▲**例圖②**　利用監聽混音器監聽示意圖

音，一開始就要與樂手溝通好，這在錄音過程中可說是很重要的一
環。

　　在錄音作業中積極使用監聽混音器，可說是日本的獨特現象。歐
美等地的錄音室，樂手頂多只能使用錄音棚牆上的耳機插座，好一點
的錄音室頂多提供耳機音量旋鈕。這是專門用於主控室用的兩聲道混
音與監聽用混音不同的情形下。在SSL主控台上，可以另外調出一個
「CUE SEND」混音，並且送往錄音棚（**例圖③**）。這時候就需要用
耳機調整並監聽送往錄音棚的混音音訊，可說是一種高難度的作業。
但是長久以來，監聽用混音品質的好壞，往往成為左右錄音工程師評
價的基準，筆者認為監聽混音也是錄音作業的一種本質。準備一個讓
樂手容易演奏，並且能帶來好演奏的監聽混音，也成為錄音工程師最
基本的能力。

　　尤其在錄製歌唱的時候，即使最後不加任何效果，錄製階段在監
聽混音加點延遲與殘響，有時可以得到更好的錄音。這時只需要在人
聲專用監聽混音加掛殘響即可。有時候在錄製時音軌過壓縮，會讓音
訊變得鬆散，如果把壓縮加在兩聲道混音上，則可以從強調出來的頻
段判斷問題。收錄鼓組的時候，通常可以在監聽用兩聲道混音上加掛

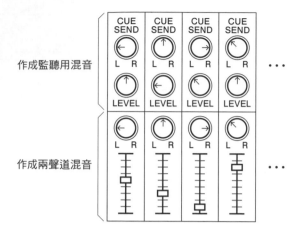

作成監聽用混音

作成兩聲道混音

▲**例圖③** 以 CUE SEND 作成監聽用混音示意圖

壓縮，使鼓手更容易演奏。錄音工程師應該致力於與樂手妥善溝通，盡可能依照樂手想要的方向設定，以營造容易演奏的錄音環境。

首先，應重視讓樂手有好心情演奏的重要性。混音平衡找不出和聲感，歌手就無法配唱，所以要把和聲樂器的音量拉高。成品需要的電子樂器編曲段落旋律如果會妨礙歌唱，在錄製歌唱時，監聽用混音暫時先把這部分靜音。一個讓樂手有心情演奏的監聽用混音非常重要。如果你問樂手：「監聽可以吧？」得到的答案是：「OK！」則錄音作業就可以順利進行。

就連樂手使用的監聽耳機，也都應該確認能正常運作。基本上就是要測試確認，監聽混音器與監聽耳機都沒有問題。在錄製電吉他的時候，也要知道吉他音箱發出的聲音與監聽音色搭在一起聽會是什麼樣子。在收錄時吉他手對著音箱演奏，若吉他受到音箱音量的影響，而覺得自己的吉他太大聲，製作兩聲道混音時，應該把吉他音軌調小多少會變得難以取捨。這種時候就不是監聽混音平衡的問題，反而可以靠改變音箱的方向去解決。以前業界就有一句名言：「有需要進棚就進棚，不要怕麻煩」，筆者至今仍認為是至理名言。

這些關於監聽的各種作業，到頭來還是講求速度，因為如果讓樂

手等到不耐煩，錄出好的錄音的機會也就更少。

SUMMARY

☞ **製作監聽混音時的注意事項**

○ 監聽音訊平衡影響演奏

○ 時時留意可以引導出好演奏的音訊平衡

○ 設定手腳要快！

---

1 笛卡樹：一九五〇年代由英國笛卡唱片公司開發的立體聲收音技術，由一支麥克風架分出一個垂直 T 型分支架，分支架尾端的麥克風分別收錄左、中、右聲道。支架直橫交叉角也是九十度，左右聲道擺位角度為一百四十度。

想光靠錄音工程師身分維生，不論是以前還是現在，通常最正規的方法都是先進入專業的錄音室。最近也開始出現非錄音室出身的錄音工程師，但實際上在業界裡的比例並不高。

在進入錄音室工作之前，其實沒有類似運氣好不好之類的問題。一開始大家都從錄音助理開始當起，從演奏錄音的前置作業（除了必要的錄音器材設置，還包括準備大家要喝的咖啡）開始，在實際錄音作業進行中，還要負責打雜（錄音切入點等 MTR 功能的操作是錄音助理的重要角色，不過這類作業在進入 DAW 時代後就變少了），以及演奏錄音作業結束後的所有整理工作。如果演奏錄音的作業時間很久，連訂餐與收拾餐具都是錄音助理的職責。

錄音助理每天都在處理這類瑣事，但是只照指示做事，久而久之並不會熬成錄音工程師。因為錄音助理的工作內容與錄音工程師完全不同，把錄音助理的日常業務當成是出師的修行，並不是正確的想法。錄音助理反而是利用工作以外的時間修行，換言之，就是藉著錄音室的使用空檔，自己進行各種實驗與研究累積實力，這也是錄音助理才有的特權。為了實驗研究累積正確知識，各位讀者不妨思考一下要擔任多久的錄音助理。

如果單純從工作順位來看，別想照順序馬上就會輪到自己。說句不客氣的話，如果沒有「往前闖」的勇氣，可能很難成為正式的錄音工程師。雖然進了錄音室，總會有一兩次的機會到來。然而，「機會常有，卻是未必都能掌握」。為了可以掌握住機會，助理們得在平時就養精蓄銳，才能在合適的時候嶄露頭角。

身為助理的業務能力當然得稱職做好，並且不斷努力鑽研相關知識。如果能有充足的準備，機會一定有上門的一天。例如原來的錄音工程師因故不克繼續操刀，改由助理披掛上陣；或是新樂團試聽帶的錄製被打回票，由助理代打粗混作業等不同狀況，都是由助理轉型錄音工程師的大好機會，只要能推出好的成果，並且讓合作藝人滿意，就可以進入錄音工程師的行列。

實際上，筆者就認識幾個光靠粗混就成為錄音工程師的例子。還有許多人隨著樂團一起成長之後，也變成專業的錄音工程師。為了能贏得藝人的信賴，希望各位讀者能累積正確的知識，也理解本書的內容。

第 3 章

混音篇

錄音與混音之間沒有分界線。然而最後階段的混音,對音樂的完成度卻
有非常大的影響。本章我們將要逐一介紹錄(混)音工程師在混音作業
時最在意的環節。

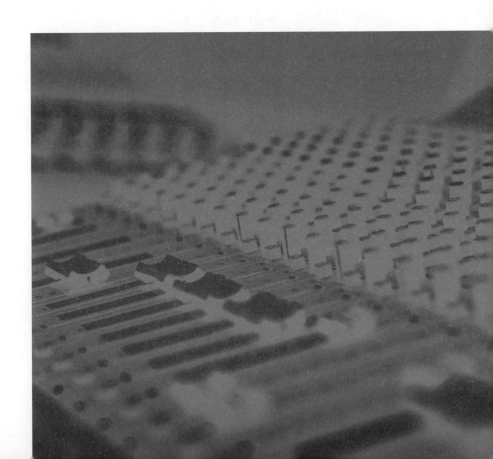

混音概論

　　有些看法反映了現階段音樂製作重視混音的傾向。「到了混音就可以解決所有問題」、「混音是挑大樑的作業」、「最後階段的混音最為重要」……但是從前面就一直強調，錄音與混音本來就是沒有任何界線的連續作業。關於混音在錄音的時候就已經不斷播放給樂手聽了，如果監聽用的混音與最後的混音差太多，恐怕也無法得到預期的演奏水準與錄音品質。一個錄（混）音工程師負責的工作，則是以自己的技術實力將藝人與製作人追求的作品意象具體化，錄音與混音原本就是一連串的作業流程。至於本書把錄音與混音分篇講解，主要是為了解說上的方便，還請各位讀者明鑒。

▶ 粗混與完成混

　　在專業錄音的第一線，常常聽人說「粗混（rough mix）是後來無法超越的」。因此，我們來思考一下這句話的含意。

　　粗混原來就是指收錄樂器與歌唱當下的混音，是為了讓樂手與工作人員確認必要的素材是否都加進去了，可說是非常重要的流程。如果所有樂器錄成的粗混聽起來都 OK，就可以轉拷成兩軌，NG 的話就必須馬上增補所需的錄音。有時候從粗混也可以決定混音的走向。當今 DAW 普及之後，額外增補音軌變得更容易處理，也可能瞬間改變混音的氣氛，所以粗混很容易被人忽視，筆者不禁對這種趨勢感到憂心。

　　那麼粗混與所謂的完成混，又有什麼不一樣呢？首先決定性的不同，還是在於工作時間的長短。多軌錄音與翻拷作業結束後，確認用

的粗混，短則 5 分鐘，最長大概只需 1 小時。另一方面，完成混通常一天完成一至兩首，可以透過集中作業進行細膩的處理。這時候則必須留意，花時間處理聲音，未必都能得到理想的音色。具體的例子包括不需要改變音色的演奏錄音、不需要改變動態特性的演奏錄音，或是不需要音場深度的演奏等。這些情形下，追加調整未必能得到好效果，有時保留原貌與追加調整，其實是一樣的意思。

更具體一點來說，不是所有的音軌都需要過等化器與壓縮器。粗混是從不同音軌層疊過程中的監聽混音累積而成，在掌握一首曲子的發展方向上，是相當具參考性的資料。但細節上的處理，卻很有可能因為時間的不夠充裕而被省略。

以上因素固然可以推算出不需要再往粗混上動手腳的看法，這種時候要的也只是粗混的「粗（粗略，大致）」字。換句話說，算是對一種「大功告成」感的追求。一般所說「粗混是後來無法超越的」，大部分出自對粗混後續作業的判斷錯誤，也就是對已經完成的混音又畫蛇添足。另一種可能是對於粗混時的既定發展方向共識，又突然加了太多新的方向。以上的理由，都會讓完成混聽起來比粗混遜色。

事實上這樣的事態，往往有極高的發生機率。當然有錦上添花的可能，但通常是多此一舉。換言之，一個已經完整的混音，又加上一些花樣，對錄（混）音工程師而言，並不是藝術性的行為。不論如何，錄（混）音工程師對藝術的貢獻，都應該只限於技術層面。

如果粗混無法做到盡善盡美，當然就需要在製作完成混的階段設法補齊。改變樂器音色的質感，或是釐清混音後失去應有平衡的音軌關係並重新整理，諸如此類的細部處理，都是過去完成混音常見的工作內容。現在則因為數位編曲軟體的使用，使樂器音色的置換更為便捷，甚至也可以透過 DAW 的編修剪輯技術，更動整首曲子的架構。所以「混音可以解決所有問題」這句話，即使在字義上可以成立，也不表示在任何情況都適用。希望各位能透過自己的技術實力，操作出可以超越粗混的混音，讓藝人的演奏能夠以作品的形態被記錄下來。

SUMMARY

☞ **所謂的粗混**

○ 確定發展方向的重要手段

○ 詳細掌握需要的細部聲音處理

▶ 混音的視覺意象

　　一般的錄音作業之中，每一種樂器都有各自的意義，這些通常也由專輯製作人傳達給錄（混）音工程師。但是錄（混）音工程師必須在理解製作人的要求後，以自己的語言重新詮釋，如果能以圖表具象化，就更容易理解。把各種樂器的定位放進橫軸為定位、縱軸為頻率的音像空間（**例圖①**）示意圖之中，對於考慮音質與音量的變化都有幫助。將意象視覺化整理後，也可以找出「平衡聽起來會差，是因為這段出現空隙」之類的問題。

　　此外，這個音像空間示意圖也因為可以提醒錄（混）音師「兩軌混音必須製造定位分明的音像空間」，而具有極為重要的意義。在有

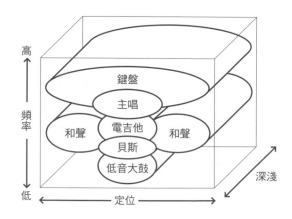

▲**例圖①**　音像空間示意圖

178

固定的頻率、定位與音量水平的範圍之內，要怎麼取得整體的平衡？更因為我們不可能把所有樂器都推到最大，才有需要盡可能在有限的範圍內，讓所有音色聽起來都夠大聲。即使想調大單一樂器的音量，也有實際推高音量，以及「聽起來比較大聲」兩種調整法。這種分辨能力，如同在貨車裡塞滿貨物的「空間辨識力」。例如在同樣空間裡置入各種形狀物體後，還能得到再多塞進另一件貨物的空間，掌握這樣的思考法，就可以讓不同的樂器音色在同一音場裡產生平衡。

在這層意義上，錄（混）音工程師就有需要養成從 CD 或唱片中整理音像空間的習慣。在此不是模仿，而是累積抽象的音像樣式，以便日後靈活運用。

▶ 混音的基礎是音量的操作

在「混音概論」的部分提到許多注意事項，在此還是要提到一些混音的實作基礎。如同麥克風的基本架設法其實非常簡單，最基本的混音也一樣。從錄音工程師有「平衡工程師」（balance engineer）的別稱即可看出，混音基本上就是音量的操作，這種根本性質請務必記得。

一提到音量，大部分人腦海浮現的都是推桿的操作，事實上混音的基礎，就是透過推桿的控制，強調或減弱部分的聲軌。所以我們也可以理解，等化器等於推高或減低特定頻率的音量。另一方面，壓縮器也是音訊電平在增減時間上的控制。即使是音場的左右定位，也可以想像成 L 與 R 聲道的音量控制。依照同一套路的聯想方式，我們就可以清楚的觀照，從制高點了解所謂「無所不能」的混音整體上是什麼樣子。

但是說來簡單的觀念，在實際操作上可不能一概而論。所以這裡還要再提供各位讀者兩個關鍵字：「遮蔽效應」（masking）、「雞尾酒會效應」（cocktail party effect）。這類名詞在課本上可能很常

見，而這兩個名詞又可以在混音工程的哪裡看到呢？

■ 遮蔽效應

許多人都想問專業錄音師，一開始處理混音工程時會從哪個部分下手？筆者自己也常常翻閱雜誌想找出答案，有的人主張「不要只顧鼓組的音色，也要把主唱的音色推出來」，有的人主張「把主樂器以外的頻道全部調低，想要處理的樂器音色做大一點」，甚至有人強烈主張「我一定先從大鼓做起」。每一位錄音師都有不一樣的處理方式，筆者自己有一段時期從低音大鼓開始建構音像空間，有時候會從整體音色做起，其實沒有一定的做法。

但是不論從哪一邊開始，都必須避免集中強調單一樂器的音色，以免產生危險。當作業達到一個程度，錄（混）音工程師容易受到單一音色誘惑，心想「用這個大鼓的音色支撐起一首曲子吧」，結果混出強調某種特定樂器音色的曲子。當你一心想強調那種音色之好，整首曲子聽下來，卻會發現效果竟然不如預期中理想。這種時候的問題，主要便是來自遮蔽效應。

遮蔽效應指的是「一個聲音被另一個聲音妨礙，以致無法聽到、或不易辨別的現象」（引用自《最新音樂用語事典》）。在混音作業裡，遮蔽現象意味著單獨聽起來很好的音色，會受到相同頻段上其他樂器音色的影響，讓音色中的好成分被抵銷，音色整個聽起來不一樣。所以即使對樂器個別套用等化效果，把音量全部推起來，聽起來也會鬆散搭不起來。

樂器的音色其實含有相當廣的頻率成分。低音大鼓的音色不只有低頻，而歌唱其實也帶有相當多的低頻成分（**例圖②**）。由此看來，各種樂器的音色之間都會產生遮蔽效應，將這些密切的關係加以有效運用，正是混音作業的主要內容。換句話說，我們應該把混音想像成涵蓋所有樂器必要頻段的作業。

所以當我們透過混音強調樂器音色的時候，要盡可能避免只監聽

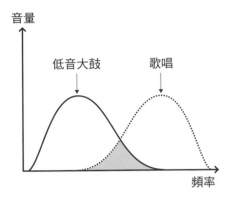

音量

低音大鼓　　　歌唱

頻率

◀例圖② 低音大鼓與人聲也可能產生屏蔽效應！

單一樂器（以 SOLO 模式監聽，通常只為了確認雜音多寡等問題）。當然人不是多工型中央處理器，所以一次只能操控一個要素。如果要舉例子說明，就類似在混音中處理低音大鼓的音色一樣。低音大鼓的聲音必定與其他樂器一起出來，所以希望各位讀者在混音的過程中，可以時常留意個別與整體間的關係，不斷對照兩者間的音色。尤其鼓組的音色也是透過對其他樂器的遮蔽所形成，光聽大鼓收音用的麥克風會聽不出鼓組該有的音色，如果同時再推小鼓麥克風音軌、銅鈸的音軌……都會造成音色的變化，每一個細節都必須仔細捕捉。這時候也會因為遮蔽效應而產生問題，偶爾也會發生同頻段的遮蔽，同時也要留意鼓組與合奏編制的其他配器之間出現相互干擾的情形。由此可知，混音是多麼複雜的作業。

　　在留意不同頻段的干擾之餘，也可以反過來有效利用干擾製造出所要的音色。例如當吉他高頻太多的時候，可以調高銅鈸組的音量，以抵銷吉他過多的頻段音量。如此一來，不僅可以保留吉他原來的明亮音色，也能更融入樂團合奏。相反，如果想讓頻率成分相似的兩種樂器音色更容易分辨，從等化器的分頻點各自增減會較容易操作。諸如此類的方法，都可以在同樣音量下，讓音色產生不同的變化，這也是混音工程中非常重要的技術。

■ 雞尾酒會效應

雞尾酒會效應也是時常聽到的名詞，指的是在類似酒會現場的地方也能清楚分辨出目標聲音的能力，也就是讓人可以辨識出想聽的聲音，這是一種混音工程上時常運用的重要原理。

例如歌唱的開頭或吉他獨奏，可以在最前面先把音量稍稍推高一點，並馬上推回原來的定位。聽覺認知就會一直跟著歌唱或吉他跑。這種手法的優點，在於主唱或吉他的音量不必從頭到尾一直保持高段位。如果整首曲子的主唱或吉他一直推高，會讓樂團合奏在混音中聽起來較為小聲；如果只在開頭處推高一點點，則會讓主唱與吉他在整個兩軌混音裡都很清楚，同時也能保持樂團其他編制音色的清晰度，是一舉兩得的方法。這種技巧也可以在強調鼓組過門，或一開始的第一聲低音大鼓等情況發揮功效。在實際不推高音量的情況，如果在樂團合奏之前強調歌唱的子音部分，也有利於表現出歌唱的表情變化。

在混音的時候，我們常常會被業主要求把特定樂器的音軌推大，但是只要善用雞尾酒效應，就可以滿足不同的需求。因為成品只有兩音軌，不可能把所有樂器都推大，雞尾酒效應的有效運用，也是混音上非常重要的技術。

▶ 關於電平

極大化效果在近幾年間被運用在大部分專輯裡，在此，仍然要談一談混音工程中混音電平的基本思考。

在最後階段過一個極大化效果，已經是無可奈何的事，在經過極大化效果之前的混音，則重視以 VU 計的「0」做為基準的作業程序。也就是在混音過程中，把刻度「0」當成最大音量。如果能在混音中預留音量的空間，只要整體電平處在這種有轉圜餘地的狀態下，不僅可以防止插件效果或混音器內部的訊號失真，也能讓後續各音軌電平等參數的調整變得更容易。經過這樣處理之後，極大化效果不會

讓音色失去套用前的平衡，可以預期良好的結果。

筆者過去也曾在某雜誌上看過一篇報導，指出美國某個著名製作人兼錄音工程師，會在混音工程一開始只有低音大鼓錄音可播放的時候，將推桿調到VU計指針最大指在「-7」的程度。從VU表很容易就能辨認出這個「-7」其實是很低的訊號電平。當時看到心裡想：「這麼小聲也行？」如今不得不承認這樣的確行得通。事實上，將未過極大化效果的完成混音裡的低音大鼓單獨播放，大鼓的最大音量確實只會跳到「-7」左右的位置。

尤其在處理數位編曲偏多的混音時，很可能只有低音大鼓的音訊會跳到「+3」程度，並且容易發生其他音色繼續往上堆疊的情形。這樣下去，整個音量很容易就碰到上限，音量平衡將很難控制。所以一定要試試從「-7」開始的設定。

這種時候還要考量監聽音量一定會開得很大。與錄音的時候一樣，混音的監聽音量也不可能在作業過程中隨意調整，所以在設定監聽音量時要考慮作業環境的條件。

■ DAW才有的電平管理

在混音的音訊電平調整上，還有最後一個需要說明的項目，就是DAW特有的電平管理功能。可能有讀者會提出不同甚至反對意見，所以這裡僅提供個人見解供讀者參考。

筆者基本上都以0.5dB當做電平管理的單位基準。一定會有人懷疑，音樂是否可以透過固定數值控制重要的電平？當混音需要進行細部調整的時候，往往只是推桿的上下動作。所以基本電平可以透過插件設定管理。

例如業主要求「頻道A與頻道B一起推大一點」時，與其說「一點點」，不如以0.5dB單位往上推來得容易管理。與往上推一樣，拉回原來數值也是常有的情形，這時就可以不花太多腦筋直接調整。此外滑鼠游標的移動單位，通常以0.5dB為單位，這也是筆者為何把

0.5dB 當成最小單位的理由。

　　一般預測將來的DAW會採用數字鍵盤直接輸入數值，取代既有推桿控制各音軌音訊電平的功能。在 Pro Tools 上已經具有直接操作片段增益（clip gain）的捷徑，但當音量推桿也能以類似的捷徑操作時，才稱得上DAW（電腦化）的操作方式。

§

　　以上就是「混音概論」的所有內容，雖然都是基本常識，還是希望各位讀者能牢牢記住。混音與錄音是沒有界線的連續作業，而混音到頭來還是音量上的操作。如果能記住這個基本原理，混音的時候就能無往不利。接下來要從基本案例解說各種混音技法，請各位牢記，每一種技法的背後其實都有同樣的原理。

必備技巧

　　本節要依照「混音概論」提到的基礎，介紹實際混音時的技術運用。在此參考常見問題，假設各種混音會遇到的困難，並提出各種解決方法。

　　不同的音樂類型或不同的聲音需求，可能會有各式各樣的答案，但是透過觀念的思考而不僅是小技巧的運用，才能在各種情況靈活自如。為了鍛鍊判斷力，希望各位讀者能參考以下的解說。

▶ 聰明的壓縮器用法

　　不知各位讀者是否也認同，壓縮器是平常最感興趣研究的效果器？從事編曲工作的朋友或樂手找我諮詢的問題中，光是壓縮器的用法就占了絕大部分。

　　在錄音室林林總總的錄音室器材之中，面板上的指針或 LED 燈不斷隨著音量變化擺動閃爍，最能襯托出「正在工作中」氣氛的壓縮器，確實可以稱得上效果器中的王牌。

　　那麼，我們又會在哪些時機為音訊過壓縮呢？通常不是在收錄樂器或歌唱時把音訊電平高低差太大的音訊壓下去，就是在混音時壓低多餘的音量。在某些意義上，可說是相當單純的效果器。

　　但是這種迷人的效果，其實也可以表現出更多質感，例如「過了這個壓縮，音色就會很有勁道」、「聽起來會比實際的演奏更好」、「只要加了這個壓縮，更能在流行音樂比賽審查上得到青睞」，聽起來好像魔術一樣神奇。但是壓縮器真的如同他們所說那樣，是神奇的百寶箱嗎？至今筆者回答的各方詢問之中，有更多如同以下的抱怨：

好難用、做不出想要的效果、是不是一定要經典名機才行？

那麼又應該怎樣操作壓縮器，才能產生「有勁道」的音色呢？

有勁道的音色，也就是能讓演奏聽起來更悅耳的音色，個人認為可以想像成「不被曲中其他樂器掩蓋的動聽音色」。也可以說是音符顆粒分明，在必要段落都有充足音量的音色。

壓縮效果為音量帶來變化，也就是把大音量的部分壓小。例如在收錄貝斯或歌唱等音軌時，遇到音量大小不均的情況，錄音工程師往往伸手去開壓縮器，調整壓縮的臨界值，並把過大的音量壓下來。經過壓縮處理的音色確實顆粒分明，但總是覺得少了些什麼⋯⋯諸如此類，音色反而因為過了壓縮而被其他音色掩蓋，這狀況不只筆者遇過。

此外，也一定有不少人會因為不滿意自己正在使用的壓縮器，相信這個世界上一定有操作更簡單效果更好的壓縮器，於是展開尋寶之旅。這種想法固然沒有問題，但接下來要介紹的則是一種更省錢、而且更快的方法。

■ 改變聆聽聲音的方法

這種方法指的是改變過往習慣中，使用壓縮器時最先處理的聲音部分，也就是改變聆聽聲音的方法。請將判斷壓縮器效果的參考部分，改成轉小音量。而後調整輸出音量，使音量中較小的部分聽起來更清楚。

換句話說，就是把壓縮器用在拉高小音量部分，而不是過去一直壓低的大音量上。這是因為音訊在經過壓縮的同時，較小的音量也會跟著被拉高。

■ 發揮 1176 特色的提示

UREI 1176，也就是現在的 UNIVERSAL AUDIO 1176LN，可以稱得上是最多專業錄音室引進的壓縮器。凡是錄（混）音工程師至少都會用過一兩次。

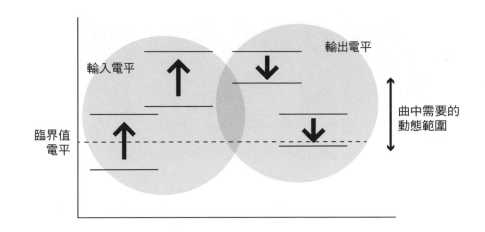

▲**例圖①** UREI 1176 的兩個音量旋鈕必須同時調整

最早推出 1176 軟體（插件效果）版本的廠商，應該是 BOMB FACTORY 公司。現在則以 BF-76 的名義附在 Pro Tools 的內建效果組中。但是大部分使用者對於這款 BF-76 還是沒有進一步的應用。

如果看過 1176 的圖片，就會知道這款機器的面板構成極為簡單，只有輸入電平與輸出電平兩個旋鈕，當輸入電平達到臨界值以上，就會自動啟動壓縮功能。

這兩個旋鈕其實最適合用於同時需要壓縮與推高音量的情況。如果你從以前到現在一直不喜歡 1176 或 BF-76 的音色，恐怕是因為你只用單手逐一轉動兩個旋鈕，而沒有嘗試過兩手同時操作，可以試著透過外接式控制器或 1176 實體的面板，體會一下為什麼一定要兩手同時操作的理由（**例圖①**）。

■ **自動模式的重要性**

此外，把壓縮器當成魔法百寶箱的人，一定也很容易自做主張操作想要的音色，例如「給強一點的起奏音」，或是「套用在音軌群組上」。如此一來，很容易產生起奏音或釋放音設定得過於極端、聽起來很做作的混音。

▲圖片② 自動化模式反而更具音樂性

　　如果回頭思考壓縮器的基本功能「平均調整音量」，並有意讓編曲中想強調的頻段與音量更加整齊，那麼「自動模式」反而是實用的選項（**圖片②**）。

　　以前筆者也一直以為，自動模式是給那些不會自己調整參數的人用的，然而隨著日後比較過各種器材自動模式的特性，卻大大地改觀。業界先進設定的參數有其一定的意義，如果能帶著對前輩的敬意使用這些效果器，就能感受出這些機種本身的魅力。筆者偏好的壓縮器之中，DBX 165 與 TUBE TECH CL-1B 各自具有 AUTO 與 FIX 模式，UREI 的 LA-2 與 LA-3 因為具備增益縮減功能而預設了起奏與釋放時間，也稱得上是一種自動化。

　　建議各位讀者一邊使用自動模式，一邊思考平均調整音量對音樂可以帶來多少貢獻。即使是過去已經用慣的壓縮器，也可能帶來截然不同的感受。

SUMMARY

☞ 想要靈活運用壓縮器

○ 從音量較小的部分著手
○ 嘗試自動模式

▶ 聰明的等化器用法

當我們談到音色的塑造，等化器（EQ）通常是我們第一個使用的效果器，所以不論是對錄（混）音工程師還是樂手而言，都是相當常用的效果器。只要把旋鈕往左或往右轉，就可以阻斷或推高目標頻段，以簡單操控帶來戲劇性變化的等化器，稱得上是最能直接反映出使用者個性的效果器。

然而即使是如此簡單的效果器，帶給使用者的困擾甚至可能多過壓縮器。筆者常常聽到許多人抱怨「調不出想要的音色」、「明明用了卻沒有效果，而且訊號過載的 LED 小燈一直亮」、「音色愈調愈失真」、「等化器愈用聲音愈薄」。結果人們又要為了尋找更好的器材遠走天涯。這點倒是和壓縮器很像。

本來只要轉轉旋鈕就可以得到效果的等化器，為什麼會變成這麼難纏的機器？筆者認為，就是因為是簡單的機器，才更需要細心操作。換言之，有一些辦法可以讓等化器的操作應用自如。

■ 攻略等化器

讓等化器不聽話的第一個原因，在於想阻斷或推高的頻率與實際增減的頻率不同。讓我們想一想，為什麼頻段差距會讓人拉大調整的幅度？

首先，等化器推高／阻斷的不只是單一頻率，對分頻點前後的頻段，也就是 Q 值，也會帶來影響。調整後的音色聽起來之所以變化不明顯，是因為分頻點不在目標頻段上，該增幅的頻段音量也與轉鈕位置不一樣。

我們把分頻點比喻成山峰來說明（**例圖③**）。想要增幅的部分，很可能只有山腳往山頂路程的兩成距離。換句話說，本來需要增幅 3dB 的部分大概就是那兩成的距離，但因登上那座高山的山頂需要增幅至 9 到 10dB 程度，結果，原來不屬於目標的頻段被增幅到意想不

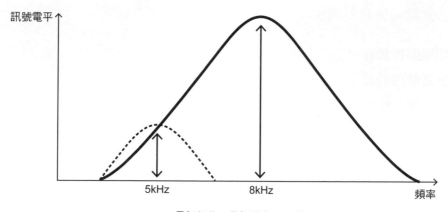

早知如此，當初堆高5kHz就好了⋯⋯

▲例圖③　如果把分頻點想像成一座山⋯⋯

到的程度，並且在不知不覺間形成音訊過載，或是音訊失真的原因之一。筆者自己也遇到過等化器的頻段在推高 3dB 後仍聽不出變化的情況，這時第一要務就是檢查分頻點有沒有偏離目標頻段。

■ 找出等化器調整點的要領

　　等化器操作時首重精準掌握分頻點，那麼掌握分頻點又需要什麼能耐？

　　有些等化器內建了自動縮小 Q 範圍，以便快速找出分頻點的方便功能，可以在頻段被強調的狀態下掃描全音頻，迅速找出想要處理的頻段。有些人也會選擇手動調整等化器，以極短的時間增幅各頻段，並且馬上復位。

　　在此有一個地方需要留意，就是人的耳朵容易受騙。對於剛才留心聆聽的聲音，會比其他聲音更在意，導致增幅或阻斷的音頻超乎一般需求。明明只想找出特定頻率，卻對後面效果的使用量帶來影響，這絕非錄（混）音工程師所願。

　　筆者在這裡建議各位讀者，用耳朵記住不同的頻率。只要多花點

時間練習，其實沒有想像困難。筆者自己也從音控工程師的經驗學會不同頻率的辨識。在作業時間緊迫的 PA 控台，必須以最短時間找出訊號回授頻率，並調整出穩定的音色，所以音控工程師對於圖形等化器各頻段的頻率分布，已經瞭若指掌。

基於從事 PA 的經驗，筆者也要鼓勵有意從事錄音工程的讀者，嘗試將自己的聲音加掛等化器進行「揮棒練習」。這種練習透過連結自己的語音變化與頻段，可加深對各頻段的印象，想必能為各位帶來幫助。此外，等化器的操作也需要訓練。

■ 增幅一個頻段等於阻斷其他頻段

前面壓縮器的段落已經提過，音量在壓縮的同時也跟著變大。這裡我們也試著把這兩種理應相反的結果一起帶出來。

換句話說，擴大一個頻率的音量，其實與阻斷其他頻段的效果相同。把這種想法套用在等化器的操作上，就能解決許多煩惱。例如「聲音變薄」的問題，很可能就是高頻增幅使得整個音量被壓低所致。聲音變薄後再與原來的音訊相比，聽起來就像是中低頻被阻斷一樣，導致原本應該要有的中低頻在此都消失，音色聽起來才會變得單薄。

如果延伸這種思考，在想強調高頻的時候，可以想成使用高通型濾波器使高頻增幅，如此一來，就不需要推高太多分頻點。

另一種方法是，以阻斷一個分頻點以下的頻段強調低頻，或是以阻斷分頻點以上的頻段強調高頻（**例圖④**）。此外，類似 McDSP F2 之類的插件也可以為音訊附加類似類比合成器濾波器的共鳴（resonance）效果，可以進一步強調濾波器的分頻界限，產生獨特的音色。

§

以上解說了音色調整上最基本的壓縮器與等化器，接著要來看看具體的問題與對策。

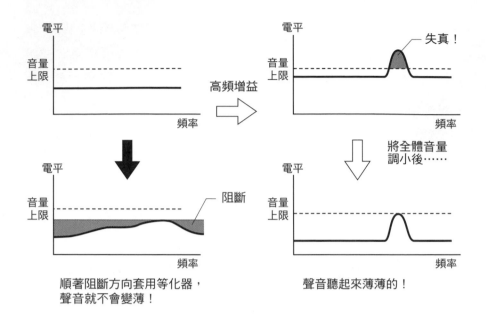

▲**例圖④** 以阻斷其他頻段方式強調特定頻率

▶ 低音大鼓與貝斯的搭配

「大鼓跟貝斯很難搭在一起」或「大鼓跟貝斯的聲音糊在一起，跟麻糬一樣黏糊糊的」之類的問題。都堪稱混音現場的代表性困擾。但會發現這類問題，至少表示錄（混）音工程師抓到了「低音大鼓與貝斯一樣負責一首曲子的低頻部分」這個要點，所以可以是一個前途非常看好的困擾。

那麼這種困擾又為何產生呢？一般認為有兩個比較大的可能：①低頻的一段頻率固定，但固定的頻率無法成為重要的頻段支點；②整體的重心部分都固定在一個頻段，低頻分頻點缺乏斜邊的低頻。簡單來說，就是低音大鼓與貝斯明明應該以好的音色撐起曲子的低頻部分，卻因為失去平衡而發揮不了應有效用（**例圖⑤**）。這種時候一定要先確認藝人或製作人想像中的「低音感」該是何種樣貌。藝人與製作人進錄音室的時候，一定都會對當天要錄的曲子先設定一個意象，至於能否確實帶出這些意象，端看錄（混）音工程師的實力。如果能在意象上達成共識，實際上就能順利混出好的低音感，如果要做出本頁下方右圖那樣的漂亮低音，有好幾種方法可以選擇。從低音大鼓與貝斯各自的頻率分布特質來看，可以發現有許多頻段重疊。兩種音色無法妥善搭配的原因，不管是前面的①還是②，終究都是兩種音色的

必要的重心沒有出來

重心太低

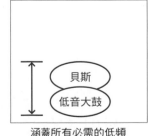

涵蓋所有必需的低頻

▲**例圖⑤** 低音大鼓與貝斯音色搭配的音像示意圖

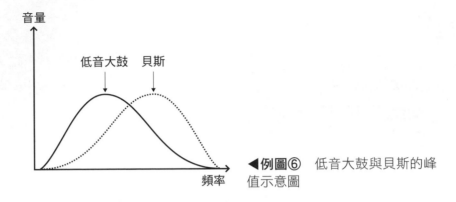

◀**例圖⑥** 低音大鼓與貝斯的峰值示意圖

峰值重疊的緣故（**例圖⑥**）。另一種判斷，則是兩種樂器的音量平衡可能做得不夠好。因此，可以用「調低一種音色的音量」或是「把頻率的峰值拉開」救回。

在需要改變頻率的情況，直接用等化器修改是一個好方法，強調出高頻也可帶來不錯的效果。如果強調低音大鼓的擊槌，會讓整個低頻聽起來更沉，自然也能帶出貝斯音色的峰值。除此之外，還有各式各樣的技巧，只要能調開低音大鼓與貝斯，個別進行「錯開低頻峰值」與「強調高頻」等處理，至少可以舉出四種解決方法。

有些時候，使用高通濾波器也是一種有效的方法。或許有人會想：「明明是低音樂器，卻要加高通濾波器？」事實上濾波器的衰減量大約是 12dB／oct 或 18dB／oct，所以低頻並不會全部被砍掉。假設在低音大鼓音色加上 80Hz 的高通濾波器，並不表示 80Hz 以下的頻率都消失不見，而且分頻點 80Hz 反而因此被強調而更清楚。這種現象被稱為「陡坡特性」（**例圖⑦**），也就是被阻斷的頻率變得最清楚的意思。如此一來，可以得到與 80Hz 被增幅同樣的效果。

使用高通濾波器的技巧，可以應用在①處理一組，保留一組，或②兩組分別處理不同頻率等情況之下。進一步來說，即使都用在同一個頻率上，也會因為低音大鼓與貝斯頻率分布的不同，而使得各自被強調的部分不同，更有可能形成有趣的效果。

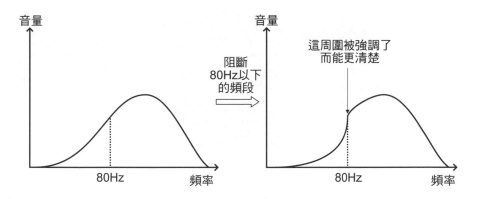

▲例圖⑦　被大幅阻斷的頻段同時也被強調

　　不論如何，要在等化器上使用增益強調頻率，都要在混音時預留一個上限。有了一個框架，再透過聽覺心理效果的引導完成混音。同時也要留意頻率上的遮蔽效應。在低音大鼓的擊槌音被強調的時候，也不忘呈現貝斯的撥弦音色，諸如此類的關聯性隨處可見。如果只聽低音大鼓與貝斯的部分，會覺得低音不夠，在監聽所有樂器合奏時，吉他的音色可能會被低音大鼓的高音域遮蔽，結果只剩下低音隆隆作響。所以不是把大鼓與貝斯混好就全部OK，也必須從整體播放中找出可能產生的頻率遮蔽逐一處理。

　　在取得平衡時，必須考量到音色間會造成何種影響，各種音色在曲子各段落又該擺在哪個定位，也是必須掌握的前置條件。反過來想，如果掌握這些條件，不管使用何種器材，都可以完成混音作業，請各位讀者記住。

　　低音大鼓與貝斯都是維持混音重心的重要樂器，我們必須決定這兩種音色在整個混音當中的位置。

SUMMARY

☞ **低音大鼓與貝斯的注意點**

○ 頻率的峰值是否重疊在一起
○ 音量的平衡是否合適

▶ 讓主唱與伴奏樂團的音色調和

在混音的各種煩惱之中，「調和主唱與樂團的聲音」一直都在大家關心的問題中高居前幾名。主唱在一首歌裡非常重要，幾乎可說「只要主唱聲音聽起來好，一首歌就大功告成」，所以才會變成大家的心頭大患。在現場演出時，也會有藝人說「把主唱當成樂器的一部分」，但是這些話的解釋因人而異，需要特別留意。當然每一種樂器都很重要，但也關係到聽者最留意聆聽的部分，所以必須認真對待這些話隱含的意思。

在處理主唱的時候，當然遮蔽效應或音場平衡之類的因素都會左右質感。或許很多人覺得意外，低音大鼓確實會對主唱聲音帶來影響。有一個法則是「低頻會覆蓋高頻，高頻不會覆蓋低頻」，所以低音大鼓太突出，會讓主唱的聲音變輕。因為人聲含有 100 至 200Hz 的頻段，這個頻段會被大鼓蓋過。人聲變薄，也會影響錄音中歌唱的音準表現。

諸如此類掌握樂器間調和的工夫，在處理歌唱的時候尤其不能掉以輕心。因為遮蔽效應關係到音程，找出能映襯出歌唱功力的樂器平衡，對錄（混）音工程師而言是一種必備本領。如果發生「主唱與樂團不調和」的情況，就可能是上述的頻率平衡因素使然。

由此推想，各位讀者是不是就可以明白，「能夠將那些與歌唱頻率重疊的樂器處理好，就是良好混音的製作捷徑」這個道理呢？

基本上頻段相近的元素比較容易帶來影響，但也如同前面所述，類似低音大鼓的低頻，很可能對歌唱帶來影響。所以我們必須先掌握歌唱本身的頻段範圍。

如果能確定音頻遮蔽的程度，下一步我們應該先對歌唱進行等化處理，該把峰值調低？還是對遮蔽到歌唱音頻的樂器加以等化？這種問題不妨比照前面所述「低音大鼓與貝斯的關聯」去考量。此外，用於兩軌混音上的壓縮器也會產生效果。例如把臨界值設定在歌聲較強的地方，並且對所有音訊進行壓縮，可以讓歌唱保持恆定音量，並且被推到更前面。進一步而言，將兩軌混音中 1kHz 前後增幅／削減，可讓歌唱的定位前進或後退，這種技術在母帶生產預備工程中經常被使用。當然依照曲風不同，歌唱的頻段也有所不同，但是 1kHz 前後還是可預期帶來好效果的頻段。

此外，讓歌唱音軌通過短時間延遲或殘響，也稱得上是一種基本的技術。如果選用短延遲，可以先從 50msec 至 150msec 的長度之間試效果。關於效果使用量，即使個別聽起來會覺得加過頭，在整體混音裡往往不會覺得過多，所以最好從整體混音中判斷。如果能確立聽起來清晰的同時還可以達到調和的方向，就可以考慮八分或附點八分音符長度，或是四分音符長度的延遲。此外，四分加十六分音符的延遲長度，在一些情況也可以得到良好效果。一邊善用這種延遲效果，一邊在回授加上濾波器，也可以倍增「調和效果」。

至於殘響方面，殘響本身的音質可從與樂團音色的搭配聽出效果，所以可以邊聽邊比較以選擇殘響的種類。殘響不一定需要模擬實體的空間，在思考樂團演奏劃一感的時候，對歌唱部分也使用與樂團相同的殘響而非專用殘響，可以得到更好的效果。筆者在很多情況裡，都會對歌唱與樂團使用相同的殘響。如果需要在相同範圍裡製造變化時，就會考慮額外準備「前置延遲」，調整效果與原始音色的比重（**例圖⑧**）。前置延遲的音色變化，也會受到後面的殘響音質影響，影響混音的細節變化。

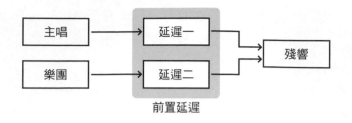

前置延遲

▲例圖⑧　使用前置延遲的附加個別效果

　　歌唱的處理，是提升混音整體完成度過程中一個非常重要的因素。

SUMMARY

☞ **歌唱與樂團的搭配**

○留意頻率遮蔽

○在兩軌混音上增加壓縮器，營造前後深度感

○以延遲或殘響控制調和的程度

▶ 決定樂器的定位

　　正因為混音是一種把聲音逐一嵌入預設框架內的作業，不論如何強調，都難以道盡音場定位的重要性。但是定位也可以解釋成 LR 聲道的音量平衡，所以也沒有什麼定律可言。我們不需要死命記著「即使死撐活撐，也要把音訊定在該定的位子上」，以自己的思考自由判斷即可。就如同前面對收錄鋼琴的說明，鋼琴不必華麗地遍布在整片 LR 音場之間，換作鼓組中的筒鼓也是同樣道理。反過來想，定位的不同卻會大大影響混音的效果，如果能在混音的時候思考「讓聽者怎麼聽」，通常不會有太大問題。

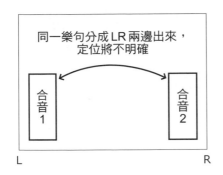 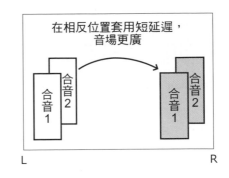

▲**例圖⑨**　雙重音源的定位示意圖①　　▲**例圖⑩**　雙重音源的定位示意圖②

　　話雖如此，如果欠缺基礎知識，大概也無法依照喜好規劃音場定位，這種時候就要先建立音場的基礎。

　　例如將同一旋律錄製兩次的音源（例如合音等）分別配置在 LR 聲道，那些音源在立體聲音像空間中的定位就會變得不明確（**例圖⑨**）。反過來想，如果想要讓聽者分辨不出音源的確切位置，可以使用這種方法。然而，這時候還是以兩個音軌的音訊高度相互搭配為設定前提。如果兩音軌有時間差又分配到左右兩側，不論在音量還是時間上的音像都會飄移。

　　再以現在的合音為例，如果兩個音源從同樣的位置出來，就可以呈現出約翰‧藍儂等藝人專輯裡的雙軌疊錄效果。來自同一個位置的音源，可以形成具有特色的聲音。如果分配到左右還感覺不到立體感，還可以在音軌位置靠攏前，從一個定位點發出兩軌的音源，也算得上是一招。如果想要有特色的合音，不僅分配成一左一右，還可以各掛一個延遲效果，並把效果放在相反定位（**例圖⑩**）。如此一來，更可以為雙軌疊錄帶來更廣的音場感。總而言之，就是合乎曲子的意象，首要條件是音場定位本身需要一個可以參考的初期意象，一旦定出音場定位，後面都好辦。如果再進一步把 LR 的定位稍微調整，有時候會帶來更好的效果。如果是三部合音，把同樣的聲部聚集在一起時，聽起來的感覺當然又與三個不同的聲部分開處理不同（**例圖**

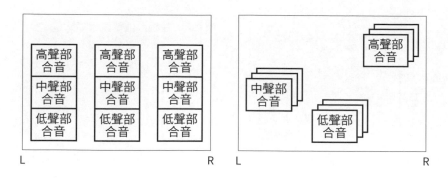

▲例圖⑪　三聲部合音也會依據不同定位帶來不同感覺

⑪）。這種時候輕微的定位變化也會帶來特別的效果，請各位讀者記得，這種情況沒有固定的方法。

　　另外，也要記得音場定位與遮蔽效應之間，有著密切的關係。從實際錄音的定位來看，很有可能發現許多樂器其實都在音場的中間。低音大鼓、貝斯、主唱……重要的樂器音色都集中在中間。但這樣的安排絕對不是壞事，而是透過同樣的定位，運用遮蔽效應產生更好合奏效果。有時候不同音軌的定位之間也會略做區隔，在感覺上帶來的改變，也影響到樂器音色本身在音像中的意義。此外，改變定位也會影響音量，所以也要記得調整各頻道的音量。

　　至於音場定位與遮蔽效應間關係的重要性，又要等到環繞立體聲（surround）的混音工程出現之後，才被業界熱烈討論。兩音軌混音只要在LR兩聲道的音場範圍內配置各音色，並且控制各音色間的相互遮蔽。但是在處理5.1ch的環繞立體聲時，因為可以更清楚地把每一個樂器配置在音場裡，整體發生遮蔽的機率就變得更少。環繞音場可以讓錄（混）音工程師放心地把樂器安排在各種定位，然而，也讓過去能巧妙運用的遮蔽效果逐漸離我們遠去。更何況音色晶瑩剔透的樂器音色，從整體看來更能保持原來的音質，不容易與其他樂器糊在一起。原本可以透過遮蔽效應的有效運用，形成有統一感的音場，到

了環繞立體聲又變得七零八落。然而有些環繞音響用的控台，配備了能讓定位點外喇叭也能發出聲音的「散度」（divergence）調整功能，可以在環繞音場中產生類似兩音軌混音的頻率遮蔽。

如果錄（混）音工程師可以重新奪回頻率遮蔽的控制權，並且由此營造更多有趣的音像空間，都可以稱得上是環繞音響混音追求的目標。

SUMMARY

☞ **音場定位注意點**

○定位的LR音量相同

○留意遮蔽效應的影響

▶ 脫離「聲音薄弱的混音」困境

當藝人反映「這混音聽起來好像有點薄耶」，只要是錄（混）音工程師，想必都會覺得大受打擊。這樣的問題，最後還是要歸咎到遮蔽效應。然而一般在不操作頻率遮蔽的情況，混出來的音像還是會有薄弱的傾向。

假設我們在混音的時候，想要排除多餘的音色，結果把一個樂器音色裡「多出來的中頻」給切掉。如此一來，中頻區段就會出現一個空洞，並且被其他樂器的音色補進去。在調整低音大鼓的時候，心想不需要高頻，所以就切掉所有高頻。以觀念上而言，切掉一個頻段並補進去其他音色形成清楚的音像空間，這樣的想法或許成立。然而那些不需要的頻段聽起來已經被處理掉了，實際上卻被保留著，這就要看錄（混）音工程師的功力。這種混音上的表現，也可以稱為音色的「厚度」。

　　那麼，又應該怎麼樣呈現出這種像是經過濾波處理的保留音頻呢？以前面的例子來說，不切掉中頻，改以其他樂器的中頻遮蔽掉這個音頻，便可以賦予全體混音厚度。再舉一個極端的例子，如果將低音大鼓、貝斯、吉他、主唱、合成器……的頻率一一卡在定位，混出來的聲音音壓一定很低，音色也一定會很單薄。如果讓各種樂器的音色頻率間產生一點重疊，合奏的音色不論在音壓還是音色上都可以又強又厚（**例圖⑫**）。所以從結論來看，本來被認為沒有需要保留的頻段，其實到頭來還是有保留的必要。

　　一個錄（混）音工程師應當思考這樣的問題，事實上許多藝人在錄音的時候也會考慮到演奏或音色如何呈現。在整個樂團合奏時，出來的音色也就是自己想要的感覺。所以錄（混）音工程師更應該仔細掌握，並理解樂團的原始企圖。在理解之後，就可以決定如何形成音場的平衡。這裡還是要重申，希望各位讀者不要忘記，錄音與混音是一個沒有界線的連續作業。

　　當樂手反映「聲音很薄弱」的同時，大家也心知肚明他們的訊息包括「給我們類比錄音的質感」。如果給一些類似「可以把高頻調低一點」的建議，可能會比較容易交差，但事實上類比 MTR 的第一次播放，絕對不可能有那種音質。此外，使用真空管的器材，在頻率響應上的特性也一反我們的想像，呈現相當平坦的頻率曲線。通常有些

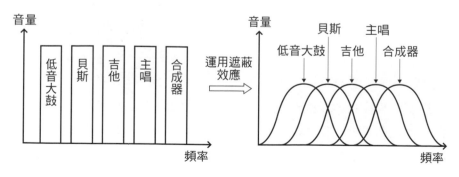

▲**例圖⑫**　利用遮蔽效應襯托出必須強調的頻段

對於這種「類比質感」極端執著的人物，但執著之處又可能與實際意義上有很大的出入。如果這類執著之中，有人是出於追求類比盤帶的壓縮感，或是追求類比線路的訊號失真，則可以由此類推他們心裡想要的類比質感。這種時候如果可以用現成的類比設備錄製，當然是最沒問題的方法，但是現在用到類比MTR的機會愈來愈少。刻意不用DAW內的插件效果，而用類比控台或外接式的類比效果器，固然可以得到類比質感，但是都只稱得上是第二好的對策。有時候也常用類比盤帶混製母帶。唯獨盤帶經年累月之後音質會受到影響，到了現在也很難保證機器的維修能完全順利。這種時候，也推薦各位讀者活用DAW的盤帶模擬（tape simulation）插件。

SUMMARY

☞ **薄弱混音的處理方式**

○ 運用頻率遮蔽
○ 確實找出聲音薄弱的理由

▶ 調整出兩軌混音的音壓

對於類似「想要有兩軌混音的音壓」之類的要求，最近最常用的手法通常就是讓音訊過極大化效果。但是，是否也需要對處理前的混音進行一些檢討？如果音壓聽起來偏低，一定是某個頻段的音壓突然出現峰值的關係；小鼓的單一打擊音量大過其他樂器，堪稱是最具象徵性的範例（**例圖⑬**）。這時候其他部分的音量相對較小，結果整體音壓就會偏低。所以我們在混音的時候，就必須盡力避免突然冒出來的峰值。這種時候最需要留意的，結果還是頻率的遮蔽。能充分運用頻率遮蔽效應，就能掌握混音整體需要的頻段，平衡的頻率響應也關

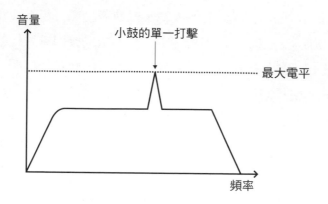

▲例圖⑬　只要有一個部分噴出來，全體的電平就會下降

係到了高音壓的混音，請各位讀者務必記得。

　　如果考量到音壓的調整對策，在整體混音加掛壓縮效果也是一種有效的方法。這時候要留意的是，壓縮的啟動與釋放時間都決定了一首曲子的動態，必須以強化原有兩軌混音為前提，十分謹慎地調整壓縮參數。

　　筆者認為一首曲子是否真的需要大音壓，需要重新思考。尤其近幾年的 CD 或網路串流音源，通常過於強調音壓，實際上大部分音源的音質都已失真。這是因為每個人只求「讓我的曲子音壓比其他人大」，才會產生類似的狀況，在這裡請求各位先停下來，多花一點時間重新想一想。音壓偏低的時候，聽者自己會把音量調高，事情不過就這麼簡單而已，這時候透過操作動態範圍影響曲子印象的行為，也就失去了意義。

　　在唱片的時代，每張唱片的音壓不同，是很自然而然的事。音量與音壓又與唱片的播放時間有關係，如果要較大的音量，播放時間就會跟著變短；如果要收錄較長的曲目，就會把音軌的音量調小，除此之外還有各種選項。在進入 CD 時代以後，因為製作流程固定化，音壓成為衡量音質的唯一基準，反而產生了許多不自然的混音。不論如

何，光是強調音壓，會讓音樂回不了頭。整體音訊的失真，與吉他破音又是完全不同的兩回事。能清楚分辨失真與破音的不同，才有辦法以錄（混）音工程師自居。

SUMMARY

👉 **兩軌混音的音壓對策**

○確認有沒有多餘的峰值
○提高音壓的時候，仔細注意音訊的失真

編輯技巧

可能有很多人會認為，波形編輯是DAW時代的一種特權，但事實上早在類比MTR全盛時期開始，業界就已經在運用各式各樣的編修技術。

當然，當時並沒有辦法直接看顯示器來編輯波形圖，而是直接剪接盤帶，光是想到要直接切割母帶或多軌盤帶，就知道這是一件不得了的工程。其實不必把這種手工藝想得難如登天，磁帶的剪接作業不過是「錄（混）音工程師的基本技能之一」而已。把第一次錄音的第一段旋律與第二次錄音的第二段旋律接在一起，或是把八小節長度的音樂片段頭尾相接製成迴圈等編修技術，其實大多數早在類比時代就已經存在。

所以儘管DAW可用的編修功能意外地少，光是拷貝貼上就能簡單操控時間軸，以及取消動作（undo）的功能，就可稱得上是巨大的變革。

以革新而言，錄（混）音工程師總算能得到夢寐以求的功能，但是使用時機與使用方式更為重要。換句話說，身為一個錄（混）音工程師，只有選擇什麼該做、什麼又不該做這兩件事罷了。可以做的事情變多，但是我們必須捫心自問：那樣的作業是否能為作品帶來貢獻？

另一方面，非難新技術也顯得沒有意義。只要用法沒有錯誤，根本就不存在任何問題。根據以上的原則，讓我們來看看編輯作業的各種環節。

▶ 演奏失誤或雜音的修補

一首曲子的最開頭或中斷後，本來應該是所有樂器一起開始的合奏部分，時常會發生一個樂器偷跑或晚出聲的情況。最好的補救方法固然是重錄，如果能將有問題樂器音軌的波形位置前後移動，也是可用的方案之一。但是如果在許多頻率都發生遮蔽的時候，只移動特定樂器音軌的波形，可能還是無法解決那種錯位感。這種時候，可以先輸出兩軌混音，再刪去突出來的部分，即可解決（**例圖①**）。這種技術在類比磁帶時代被稱為齊奏性修正（einsatz correction）。在 DAW 監聽覺得不自然的時候，可以用同樣的方式處理，即使還在多軌階段，這種修正方法就可以發揮很好的效果。

此外，類比時代也會透過與中斷部分相等長度的引導用空白帶（leader tape）襯托無聲段落的氣氛。也可利用主控台上的靜音開關，若使用 DAW，將無聲段落移除也算是一種有效的方法。以這種方式，可以讓中斷後的合奏更引人注意。但是有一些樂手喜歡在中斷的時候刻意留下吉他音箱「嗡—」的底噪，所以錄（混）音工程師應該避免擅自主張把一些段落整個靜音。

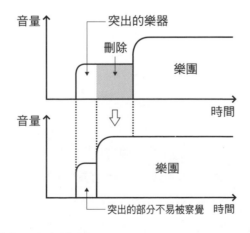

▲**例圖①** 齊奏性修正

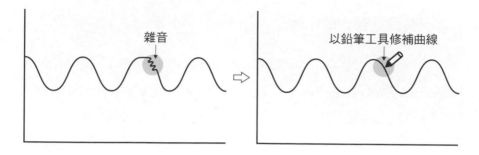

▲**例圖②** DAW 擅長的鉛筆工具除噪功能

　　前面在歌唱的項目也曾經提到，唇齒發出的雜音往往是錄混音上的困擾。在歌唱開始前，可以輕鬆從波形表上刪除，但是在長音符或換氣之間發出的口沫聲「呸」，則是許多錄音師的共通困擾。尤其在數位錄音的環境下，唇齒音會有特別清楚的傾向，一發現就會讓人坐立不安。這類雜音其實很容易衝出峰值，加上殘響會更容易辨認。如此一來就必須特別留意殘響音色，必須嚴格控制參數。

　　能在錄音中避免唇齒音，固然是最理想的設定，但在事實上怎麼錄音都會多少錄到。如果能從別次錄音中找出OK的段落剪下貼上固然是好辦法，在 DAW 上還可以透過編修功能直接修改波形（**例圖②**）。如果能將唇齒音的位置直接放大來看就會明白，有問題的波形大抵上都是鋸齒狀。只要用鉛筆工具（pencil tool）把波形修整使之平順，就可以有效消除唇齒音。

　　最近筆者多半使用 SONIC SOLUTIONS 的音效插件組當中的No Noise（**例圖③**）處理。這套效果原本用於母帶生產預備，效果立竿見影，可以漂亮地清除選取音訊的唇齒雜音。

　　唇齒雜音很短，還可以用以上描述的方法解決，但是遇到更長的雜音時，則可以刪除其中一部分（**例圖④**）。修整後當然要檢查前後音色是否呼應，並確認雜音比處理前更不易被察覺。

　　另一方面，如果把每一個音軌的底噪重疊在一起，也可能會產生

▲例圖③　SONIC SOLUTIONS No Noise

各式各樣的問題。以麥克風收音的樂器更易產生底噪，即使是沒有樂器演奏的段落，聽起來都像有樂器演奏。底噪的累積會讓錄音的訊噪比表現變差，如果不必要的雜訊過了效果器，可能就無法得到原本想要的音質（然而底噪有時候可以帶出錄音的厚度，不見得都是壞處……）。所以當我們發現適量的底噪符合曲子的氣氛時，就可以阻斷多餘的底噪。筆者使用 DAW 時，通常會利用淡出效果，讓底噪的消失不至於突兀（**例圖⑤**）。此外，透過主控台的靜音開關阻斷底噪，也可以得到自然的結果。這些技巧可依照不同的曲風選用。

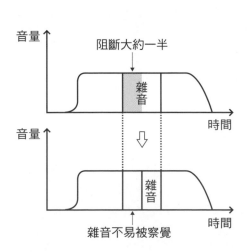

▲例圖④　阻斷一部分雜音，使之不易被察覺

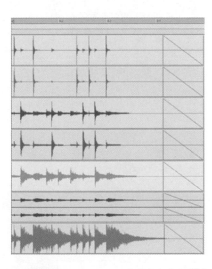

▲例圖⑤　在 DAW 上以淡出阻斷底噪

▶「OK take」的錄製方法

在此順帶解說「OK錄音」（OK take）的製作方法。歌唱等音軌通常會從許多次的錄音中挑出各自好的段落，拼湊出OK的錄音，例如第二次錄音的1A、第一次錄音的1B、第三次錄音的副歌1、第二次錄音的2A……以此類推。有時候會以更細微的單位結合段落。以這種方式挑選出來的錄音，再一起拷貝貼進OK部分的區段範圍內，做成OK錄音專用的音軌。

在最近的Pro Tools等數位錄音工作站軟體裡，也導入了播放清單概念（**例圖⑥**），可以在單一音軌之中置入不同次數的錄音。在使用這種功能的時候，從不同次數中點選想要的錄音，軟體就會自動把錄音加入OK錄音用的音軌，是一種相當方便的功能。

這時候要留意的要點，在於加入時必須養成為片段淡入淡出的習慣。如果只是單純的拷貝貼上，大部分片段的開始與結尾都會出現突

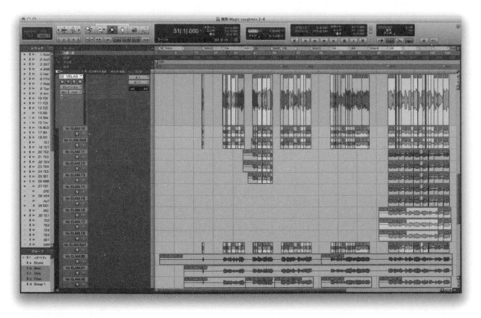

▲**例圖⑥** 以播放清單功能重疊不同次數錄音

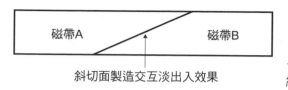

斜切面製造交互淡出入效果

◀**例圖⑦** 　在類比盤帶上的編修

波噪音。如果旁邊沒有相鄰的片段，那麼更需要在頭尾加上淡入／淡出效果；有相鄰的片段，就需要加上交互淡出入（crossfade）效果了。在使用類比 MTR 混音的時候，編輯點上的切口一定都是斜著剪（**例圖⑦**），兩邊磁帶的連接面傾斜，就可以同時聽到兩邊的錄音，說起來就是另外一種交互淡出入。在 DAW 上單純的拷貝貼上，就相當於磁帶的垂直切口。

　　交互淡出入的時間設定上也必須留意。在 DAW 上可以把交互淡出入的時間設定至極短，當然也可以設定到非常長。極短的訊號淡出入，也極有可能產生突波噪音。所以要盡可能將淡出入時間充分設定在聽起來自然的範圍內，記得應該用耳朵判斷，而不光是看著螢幕上的波形判斷。

　　現在已經成為 DAW 的時代，錄（混）音工程師也可以在零失敗風險的工作環境之下進行編輯作業。雖然可掌握的自由度變高了，還是有一些必須停下來留心思考的事情：編輯作業絕非錄（混）音工程師專屬的特權，而是錄（混）音工程師為曲子做出貢獻的作業流程。曲子的時間軸會因為編輯作業有所更動，所以錄（混）音工程師應該記得，決定權還是掌握在製作人的手上。錄（混）音工程師不可能擅作主張獨自編輯錄音。當決定者要求進行編輯的時候，就要做到盡善盡美，這也是一個專業錄（混）音工程師必備的素養。

混音的流程

前面介紹了關於混音的各種可用手法與技巧，最後筆者要模擬各種狀況，解說實際混音作業的流程。錄（混）音工程師在作業過程中要考量哪些部分，也就是思考的流程，在此公開提供各位讀者參考。

§

混音的時候，處理的音檔有的是自己負責錄製的，有的不是，也就由此產生不同的作業流程。如果錄音由自己負責，因為已經明白所有錄音與聲音的企圖性，便可以順利進入混音階段。演奏錄音的資料參數也不需要特別轉換，可以直接從過帶後的粗混狀態進行混音。

另一方面，如果錄音由其他錄音師、樂手及編曲師負責，自己只負責混音流程，則必須另行準備一些材料。例如透過 Pro Tools 以外的 DAW 作業，所有的音軌都會輸出成音檔送過來，就必須依照錄音時原來的節奏、標記點（marker）等重要資訊，重建並輸入原來的演奏錄音專案。即使在混音時使用的同樣是 Pro Tools，也一定要檢查取樣頻率、位元深度、音檔格式、淡出入資訊的有無，乃至於插件效果的共通性等性質。

本節以事先完成的 Pro Tools 演奏錄音專案為基礎進行講解。

▶ 先從喇叭的擺位開始

首先，要從進入錄音室之後開始講起。

筆者現在要到外面的錄音室出差時，愈來愈常把自己的 YAMAHA MSP7 Studio 與主控聲道用的自製真空管等化器和 NEUMANN U473A（壓縮器）都帶進錄音室。

　　等器材都搬進主控室後，首先要設定 MS7 Studio 的擺位。架設喇叭時，一定會用 AIRBOW Laser Setter OOP-ILS／A 測量出喇叭最準確的聆聽位置和對角。設置好再播放參考用錄音（通常是彼得‧蓋布瑞爾的《So》），以進行喇叭的細部調整，並確認監聽播放音量與空間的音響特性。

　　接著打開電腦的電源，先執行「修復磁碟權限」功能，以預防突發錯誤的發生（此為 Mac 作業的情況）。這個手續的重要程度，可想像成後面一連串混音作業的祈福儀式。

　　在完成監聽環境與電腦的前置設定之後，就可以展開實際的作業了。

　　本次處理的演奏錄音採用的聲音格式，是 24bit／48kHz 的 AIFF 檔。

　　打開演奏錄音專案進行初步確認，仔細觀察配器、音軌平衡、使用的插件效果等內容。這裡的確認也可說是確認演奏錄音檔案內藏訊息與企圖的作業程序。至於專輯整體的製作目標，則要從粗混的音訊平衡與參數的自動操作去判斷。

　　這時候也可以順便確認各音軌是否含有底噪等雜訊，以及歌唱音軌是否有不自然的銜接。

　　經過三十分鐘的演奏錄音檢查後，筆者通常會把音訊轉換成混音用的檔案格式。現階段使用的是 Pro Tools |HDX，所以先轉換成 32bit／88.2kHz 的 AIFF，再由「保存工作拷貝」（Save Session Copy）視窗儲存專案（**例圖①**）。這裡之所以要轉換檔案格式，並不是要藉著轉檔提升整體音質，而是為了改變內建虛擬混音台的規格，以求解析度更高的聲音處理。作業的前置準備，到此便告一段落。

保存演奏錄音拷貝

演奏錄音格式：　最新

演奏錄音參數

| 聲音檔案種類：　BWF (.WAV) | 位元率：　○ 16 Bit ○ 24 Bit ● 32 Bit 浮動小數點 | 推桿增益：　○ +6 dB ● +12 dB |

取樣頻率　88.2 kHz

□ 強制共通Mac/PC
□ 限制文字編碼
　　繁體中文

拷貝的物件

☑ 聲音檔案
　□ 變換成指定格式
　□ 不拷貝輸出的Elastic Audio檔案
□ 只拷貝主播放清單
□ 只有選擇的音軌

□ 演奏錄音的插件設定檔案夾
□ 插件設定的根目錄檔案夾
□ Movie/Video檔案夾
□ 保持檔案夾階層

取消　　好

▲例圖① 　首先把音檔轉換成作業上方便處理的格式，再由「保存拷貝」轉檔

▶ 實際作業的第一步是「診斷」

首先把各音軌依照方便處理的順序，逐一排列在編曲視窗（arrange window）上。

筆者習慣從上而下排列：鼓組（大鼓、小鼓、腳踏鈸、離腳踏鈸由近至遠的筒鼓、落地筒鼓，銅鈸類）、貝斯、吉他、鍵盤樂器、弦樂編制、主唱，最底下是主控聲道。這種排列順序是筆者從類比時代就養成的習慣，這樣有助於掌握整體的音像，到了DAW的時代，也繼續依照如前述的順序排列音軌。本次的演奏錄音，由數位編曲的鼓組、貝斯、電吉他、空心吉他、鋼琴、合成音效、弦樂，女主唱（兩音軌）與合音組成，軌數共五十軌。

在混音前的演奏錄音，音訊間的平衡通常不會留下自動操作的紀錄。偶爾也會遵從編曲師的意願，保留音軌的自動指令，確保沒有遺漏。這時候為了避免已經移動過的推桿又回到原來的位置，破壞了自

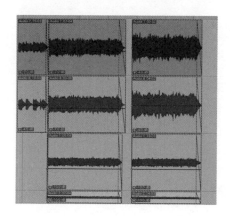

◀**例圖②** 以片段增益調整段落音量

己的平衡設定，有時也會將音量的自動操作指令拷貝到音量修整
（volume trim）區。此外，為了要將錄音電平明顯過高的音軌調整回
合適的音量，會使用片段增益逐一調整（**例圖②**）。

　　在這個時候，筆者會以獨門技巧微調各推桿的音量。以 0.5dB 為
最小單位掌握參數數值，例如 -5.2dB 就直接改成 -5.0dB。這時候都以
高辨識度與高掌握度為優先考量。

　　如果遇到透過插入點加掛效果的音軌，就會重新檢查效果組。在
理解效果的用意之後，判斷各種效果的參數是否恰當。透過對所有音
軌健康狀況的「診斷」，確認是否出現任何與預想不符的效果。以上
就是實際作業的第一步。

　　在把所有音軌全部確認一次之後，筆者就會把固定使用的招牌設
定（**例圖③**）輸入到演奏錄音的專案裡。鼓組音軌全部透過群組匯流
排（group bus）輸出到插件效果組；在 AUX 部分則加入空間系效
果，包括兩至三種延遲與兩種殘響。插入點的效果也輸入到主音量推
桿上。

　　即使是以編曲軟體逐格輸入的鼓組音色，筆者都設法營造出同一
種樂器的一體感，大部分時候都會以圖中的方式，將鼓組音軌群組送
到匯流排，再統一過效果。有時候也會在鼓組的單體音軌上加個別效
果。再將上述的效果加上空間類效果，搭配不同的效果或不同的音量

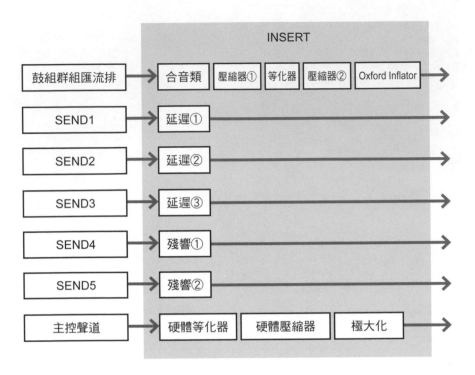

▲**例圖③** 筆者的招牌效果設定

倒送回各樂器音軌。開始混音前,先暫時關閉所有效果讓訊號旁通
(bypass),再把訊號輸出量歸零,即完成一切準備工作。

▶ 使用外接效果的處理

接著要仔細觀察每一個音軌。這道程序可以說是打造最終混音前
的前置處理。

首先看鼓組,我們一邊觀察鼓組與整首曲子間的平衡,確認鼓組
中每一個音軌的音訊電平。進入這個階段,筆者通常會另外錄製一套
過外接等化器或壓縮器的分軌錄音(**圖片①**)。除了各軌的插件效果
以外,再加上實體效果修飾整體的音色質感。

接著要看電貝斯,電貝斯音軌我們也過外接壓縮器,透過設定將

有一點突出的部分都壓下去。這樣的調整也意味著調整貝斯在整體合奏中的音量大小。

空心吉他在低音域往往給人一種難以與貝斯同時分擔低音域的印象，所以將目標效果設定為整頓頻率的交通。一方面能維持音頻的通行無礙，也可以保留兩方的低頻，在外接等化器上的調整也以倍頻要素為中心考量。

鋼琴與電吉他即使錄得很好，為了增加演奏的空氣感，還是經過外接等化器再倒送回來。

最後在主唱的部分，在過了外接等化器之後，送到將增益衰減（gain reduction）調在2至3dB的壓縮器上。

以此類推，一邊比較各軌與整體間的關係，一邊重新錄製各音軌。作業上固然多花一點時間，但即使壓縮器與等化器組總共有四個頻道，整個作業還是需要大約三到四小時完成。在不斷重聽的過程中，一方面探討是否應該為音軌增加效果，另一方面也增進了對曲子的理解，對筆者而言是很重要的作業流程。

最近流行以自宅作業為中心的演奏錄音，其中有愈來愈多線路輸入或數位編曲音源的音軌。筆者認為在這類錄音進行混音的時候，更重視增加空氣感與音軌的調整作業。這時候最重要的戰友，就是在輸出入端子加裝音訊專用變壓器的外接效果器了。這樣的外接效果，可以在構成中心部分的音色周圍，增加些微的倍頻，由此可以增加可調節的音色幅度。

在各音軌重新錄製完成之後，便將演奏錄音「另存新檔」保存，如此一來就可以隨時回到前面的任何一個步驟。

◀圖片① 筆者自組的真空管等化器與 NEUMANN U473A 壓縮器

▶ 使用插件效果的混音作業

前面所有的作業，都可說是本程序的準備工作。接下來就要使用插件效果進行混音了。

我們再回到鼓組的音軌群組，一邊確認大鼓與腳踏鈸或拍手聲的搭配比重，一邊將原來已經串在鼓組用效果匯流排上的插件效果全部打開。為整體音色附加倍頻的成分（**圖片④**），並透過壓縮器大約 1 至 2dB 的增益衰減，為混音加上一點點壓縮（**圖片⑤**），接著在低頻與高頻各推高一些，進一步統合混音的音色調控（**圖片⑥**）。將低頻

▲圖片④　以 Sonic Maximizer 增加倍頻成分

▲圖片⑤　在 Fairchild 660 上設定 1 至 2dB 的增益衰減

▲圖片⑥　將 Pultec EQP-1A 用於整體音色調控

與高頻的 30Hz 與 8kHz 分別提高 1 至 2dB，可以明顯烘托出鼓組整體的存在感。如果想再帶出一點音量，則可以過第二道壓縮（**圖片⑦**），就像是將已經用等化器提出來的音色，再往前推出來一樣。

這裡使用的插件效果，其實都是實體機器的數位模擬。數位演算充分捕捉了各種實體機種的聲音特質，用起來特別得心應手。但是實際上還是不可能直接當成實體機器，在使用時還是需要稍微留意。例如壓縮器插件，只要不過度套用，把增益衰減調在 1 至 2dB 的範圍內，就可以得到幾可亂真的音色。使用等化器的時候也一樣，只要推高幅度比實體再小一點，就可以得到理想的結果。

鼓組的匯流排最後一道效果是 Oxford Inflator（**圖片⑧**），為了將音量提高 3dB，會刻意將音訊輸入電平調降 5dB，這種技巧是用來強調等化器很難帶出來的倍頻。

同時也對傳送給殘響的輸入量進行調整。本次為鼓組設定了專用的 3sec 彈簧式殘響（**圖片⑨**），並且在前面先串了一道前置延遲（**圖片⑩**）。這樣的安排不僅讓鼓組更能與樂團合奏調和，主要的目

▲**圖片⑦**　通常當成第 2 道壓縮使用的 BF-2A

▲**圖片⑧**　透過 Oxford Inflator 調整鼓組全體的音色

的還是達到「讓音色清楚」的效果。將殘響時間設定較長,並調整前置延遲的時間,可以調節餘韻與原音間的關係,也可以加強音訊的存在感。前置延遲與殘響時間長短的調整,請依照曲調的不同進行調整。這裡之所以在鼓組使用專用殘響,是為了在鼓組用混音匯流排(包括殘響在內)再套用其他效果。

強調低音大鼓音軌的低頻與擊槌,主要是考量低音大鼓與貝斯間的頻率遮蔽。在此推高等化器中的高頻(4kHz)與低頻(60Hz)。

在貝斯音軌插入壓縮與等化器,以調整與鼓組間的關係。在確認包括低音大鼓在內整體混音的低音感時,也強調貝斯音色的明亮度,使貝斯演奏的樂句線條清楚可辨。為避免貝斯的打弦與低音大鼓的擊槌對衝,必須仔細設定。

▲圖片⑨　套用 Oxford Reverb 的彈簧式殘響音效組

▶圖片⑩　將 Reel Tape 用作前置延遲使用

接著是空心吉他。這裡也先加強倍頻成分，才過壓縮進行調整。本音軌使用的插件，只要讓訊號通過，就可以推高音訊整體的低頻，所以就善用插件的效果，以控制吉他的低頻。增益衰減的設定上，大約衰減 1 至 2dB，在等化器上也推高 8kHz，並阻斷 30Hz 以下的頻率（操作幅度都在 1dB 以內）。

空心吉他的空間類效果使用上，先過短延遲增加共振與明亮度。短延遲本身只有單聲道，但後面再透過 3sec 左右的殘響，以及 4sec 以上的彈簧式殘響，以這三種效果營造出空間感。鼓組以外的所有樂器音色，都共用相同的延遲與殘響，並透過殘響間不同的組合與音訊傳送量的多寡，表現出整首曲子的音像空間。當然如果有需要強調某種樂器的時候，也會特別使用不同的專用效果。

鋼琴與音效的音軌上，也增加各自的倍頻成分，以增加一點煞有其事的空氣感。

用這種方式營造出整體的音場平衡後，筆者在調整空間類效果的同時，也進行獨門的混音。這種方式同時要處理許多環節，包括了特定樂器音色的音場要多寬、不同樂器音色的組合效果、改善特定聲音的收尾感、推高一個音軌的音量、在一個音軌上過等化器……絕對不是只處理好一個樂器就能交差的作業。音場的平衡一直是混音過程中最重要的部分，看待每一個音符時，也要考量與整體間的關係，為了觀看整體，也必須重視個別元素的處理方式。

▶ 數位編曲弦樂合奏

筆者發現許多讀者對數位編曲的弦樂合奏也有興趣，所以將本項目獨立出一個段落解說。在此也請各位不要忘了，以下的處理方式，還是要一邊考量與其他樂器的整合一邊進行。

通常我們會收到第一小提琴、第二小提琴、中提琴、大提琴聲部各自獨立的音檔，音源本身已經設定好音場定位，所以就直接當成立

體聲檔案讀取。有時候會收到以單聲道輸出的音檔，在混音的時候再依照演奏錄音專案設定。

　　和鼓組一樣，弦樂編制可以想成一個演奏單位，首先分出一個混音匯流排，整理出編制的整體音像。透過插件效果增加音色的倍頻，等化器的 10 至 12kHz 頻段推高 1 至 3dB，以調整聲響的明亮度，要點在於分頻點的位置高於其他樂器。此外，也會依照需要將個別音色送至外接效果處理，以調整音場的平衡。

　　在調整完音場平衡後，再加上空間類效果。想要在樂團合奏中表現出存在感、人數感以及空氣感的時候，可以加掛短時間的延遲音。調整延遲時間與回授量，可以改變編制在音場中的大小。再搭配彈簧式殘響、衰減時間較短的大廳殘響（約 2.0sec，參照圖片⑪），以及衰減時間長的殘響交互使用，即可呈現出弦樂編制的一體感。

　　如要營造更獨特的韻味，可以將音訊送至實體殘響，再另外錄下殘響部分的純效果部分，並且納入弦樂編制的一個音軌，感覺上就像是多收錄一個環境音軌。這種方法對於拓展編曲音源的音場與增加音色光澤都有效用。

▲圖片⑪　合成弦樂可套用 Classik Studio Reverb 中的 Hall 設定組，長度 2sec

▶ 人聲的處理——完成

　　接著要看的是人聲的處理。首先簡單扼要地檢查有沒有唇齒音。以前可以在波形編輯功能下，用鉛筆工具逐一補平，現在則可以透過 Audio Suite 插件組中的 SONIC SOLUTIONS NoNoise 修補並替換原有音檔（作業程序如前面所述，**圖片⑫**）。

　　接著，檢查過大的呼吸聲或其他子音是否產生峰值，並透過音量自動操作曲線進行調整（**圖片⑬**）。因為後面的效果用量也會受到影響，在整個混音流程之中，往往占去筆者大多數的時間。請各位讀者想像，這道工序將影響最後混音版本的品質。

　　處理完這些音檔之後，再檢查主唱音軌整體的音量，並且考量插件效果的調整或送往空間類效果的量。從插入點加掛的效果，在這時候也可以增加主唱音軌的倍頻成分，帶出人聲的空氣感；壓縮器的增

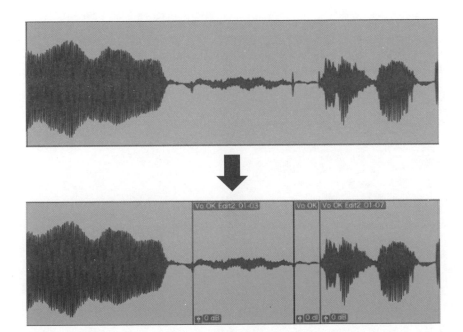

▲圖片⑫　以 No Noise 完美地去除唇齒音

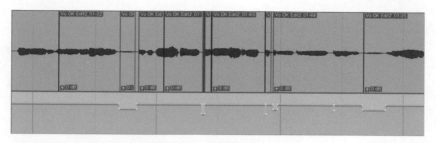

▲圖片⑬　主唱音軌的音量推軌自動操作示意圖

益衰減則控制在 3 至 5dB 之間。等化器阻斷低頻，並將 1.3 至 1.5kHz 附近與 8kHz 前後各推高 1dB，以凸顯主唱的音色（**圖片 ⑭**）。

　　在空間類效果方面，也用了前面共通的效果，但在此也使用了外接的實體合音器 AMS DMX-1580s、LEXICON PrimeTime95（短延遲）、Model200（殘響），以營造並操控不同於樂團合奏的音像空

◀圖片⑭　使用 Channel Strip3 的等化器部分，並推高 1.3 至 1.5kHz 頻段

間。在決定主唱音軌的音量等因素之後，就著手錄製其他音軌的純效果成分。

以合音器製造左右聲道音高略有高低差和聲的音高和聲（pitch chorus）效果，雖然已經是年代久遠的手法，將主唱從樂團合奏凸顯出來，仍然發揮其功效。將主唱定位在音場中央，合音器的效果設在左右兩端。如果設定成若有似無的低音量，從整個樂團裡聽起來，將有獨一無二的效果。

如果要強調出主唱在曲子中的定位，還可以在每一句旋律結束時，或是一部分歌詞的範圍內加上延遲效果，並且將個段落的延遲音或殘響的音量記錄在自動操作時間表裡。

§

在主控聲道的效果方面，筆者從混音作業的初期，就以外接式等化器與壓縮器連接主控台的插入點。這種做法是為了不讓任何一樣樂器被套用過度的等化器。

調整完每一種樂器，也大致完成整體的平衡之後，將再次確認主控聲道的效果，並重新調整整體的壓縮或等化器數值。

混音就此完成，最後要在主控音軌的插入點加掛極大化效果，進行最後檢查。這種時候也別忘了透過不同監聽喇叭播放，或是改變監聽空間，找出混音上的問題。

在混音完成之前

編輯作業告一段落，各樂器的細部處理也完成了，混音即將大功告成。錄音的漫長作業又將如何結束？就此繼續說明。

▶ 製作最重要的母帶

混音作業分為藝人與製作人在場共同進行，以及錄（混）音工程師獨自作業，直到最後才給業主試聽成品兩種類型。前者只要製作人說OK就大功告成，後者又依照何種判斷基準決定？

筆者覺得做完最後一道工序，就像是補上最後一塊拼圖，不論從錄音室的任何一種喇叭聽起來，都是一樣的混音。換言之，只要在大型喇叭、小型喇叭還是小型手提音響聽起來都一樣，也就是跨越不同播放器材的聲音特性，就可說是一個完成的混音。對錄（混）音工程師而言，這裡所說的最後一塊拼圖，也帶來不同的感觸，唯獨在不同器材播放都聽得出是一樣的混音，是業界的共識。

最後會把藝人、製作人或製作總監都請來試聽結果。有時候可以完全不更動，有時候需要稍微潤飾一下細節重混。有時候是完全不需要變動的一比一（perfect pitching）混音，有時候藝人與製作人卻會為了混音比重爭執不下。不論在何種情況，錄（混）音工程師都必須屏除己見，向藝人與製作人再三確認製作企圖。當製作人宣布完成時，混音作業就算完成。

經過長時間混音後完成的決定版混音，會直接輸出到主控錄音座（今日則以檔案的輸出為主流）。最重要的部分，也最容易讓人覺得疲憊，所以更不能掉以輕心。我們會依照製作人或製作總監的指示，

依序完成不同版本（例如伴唱用、無主唱混音等）的母帶。這種時候，我們也必須仔細監聽主控音軌，並且確認不必要的雜音是否都已去除。

　　當最後一次播放結束時，想必大部分的錄（混）音工程師都會鬆一大口氣。這時候可能也會收到藝人或製作人的誇獎。這時候也會有人對業主小露兩手，講解混音的完成方式與獨門技巧。但是這時候還是不能忘了母帶生產與資料的管理。所有網路串流、CD，乃至唱片的母盤格式的來源母帶，從今以後就要長期典藏，幾年以後還會有重新播放的可能，所以都必須細心呵護。資料的備分也一樣重要，在DAW上執行的作業，資料本身很容易刪除，所以特別重視資料的備分。錄音專案裡的資料，如今就如同錄音的母帶一樣重要，所以現在就必須十分慎重地將所有作業都告一段落。在確認沒有忘了帶走的物品之後，將整理好的母帶成品與錄音資料都交給製作人或製作總監。

　　漫長的錄音作業終於結束。凝聚藝人、製作人與錄（混）音工程師感性的音樂作品大功告成，讓我們帶著母帶往母帶生產錄音室前進吧。

混音完成之後，還需要把每一首兩軌混音的素材統合成一張專輯的母帶，這道作業程序稱為「母帶生產預備」（mastering）。有些錄音室專門處理母帶生產預備作業，並由母帶生產工程師（mastering engineer）負責實際作業。如果錄音室的最後工序是混音，從音樂生產的立場來想，包括雜音有無在內的品質管制（quality control，QC），都可稱為母帶生產預備作業中最後且最重要的程序。母帶生產預備也是修正不同曲目間音量差距、曲目間細節調整，以及修飾整個母帶體裁的階段。所以筆者通常會進入母帶生產預備錄音室監工。不進母帶生產預備錄音室監工，就像是畫龍不點睛，有一種不爽快的感覺。

實際上的母帶生產預備錄音室，也分為各種形態，但只要環境上可以好好監聽，就是能安心信任的錄音室。如果設備發出的音色太過特別，即使母帶生產預備工程師習以為常，我們錄（混）音工程師還是會產生焦慮感。如果一間母帶生產預備錄音室的設備過於簡單，我們一樣會感到焦慮。器材的可信度，也是選擇合適母帶生產預備錄音室的考量重點。負責作業的錄音師是否可靠，當然也是重要的考量。

雖然母帶生產預備是 QC 的流程，最近的母帶生產預備，也有愈來愈多案例傾向進行提高母帶的音壓等音質方面的作業。類似唱片時代刻片工程師（cutting engineer）在錄音媒材的先天限制下發揮的技術實力，到了 CD 母帶生產預備的現場也得到好評。在 CD 有限的條件下，母帶生產預備工程師可以透過等化器與壓縮器，將音源處理到接近 CD 可收錄的極限。這種時候音色當然也會跟著產生變化，這種變化在近年來反而變成另一種注目的焦點。

然而筆者還是以 QC 的層面看待母帶生產預備工程，希望送去的主控混音直接轉成母帶，以母帶生產預備工程師的立場而言，也不甚願意對主控混音套用等化或壓縮效果。如果完成了兩音軌主控混音，能毫不猶豫說出 OK 的母帶生產預備工程師，才是值得信賴的合作對象。

最近推出的 DAW，也延伸出讓使用者自行處理母帶生產預備的功能，但自己負責包括 QC 在內的所有流程，未必能完成合乎理想的母帶。母帶生產預備就像是把混音送去給醫師進行健康檢查，最後要讓醫師確認混音處於健康狀態。只有健康的母帶，才能放心送往 CD 壓片工廠。

母帶生產預備可說是音樂生產最後階段，對錄（混）音工程師來說，在監聽完成混的同時，也會回想起工作中的點點滴滴。所以在刻錄母帶時，為了出版品的萬全品質，也要努力避免一切的怯場與遺憾。

APPENDIX
必聽專輯一覽

　　這裡要介紹筆者錄音生涯中影響最深的幾張作品，以及工作時的參考片。如果各位讀者聽過以後，也視為重要的參考作品，筆者將感到十分榮幸。

《So》
Peter Gabriel

與身兼錄音師、製作人身分的丹尼爾‧拉諾瓦（Daniel Lanois）合作的專輯，由凱文‧奇連（Kevin Killen）負責錄音，伊恩‧庫柏（Ian Cooper）負責母帶生產預備。筆者的參考測試片。不論是動態還是頻率響應範圍都極廣，整張專輯的人聲處理也相當多彩多姿，請務必一聽。與凱特‧布許（Kate Bush）對唱的第三曲〈Don't Give Up〉中，歌唱、貝斯、鋼琴與合成器融合成一個世界。一張我經常拿出來做為混音參考的專輯。

《III》
Peter Gabriel

近年經常與U2合作的錄音師史提夫‧利利懷特（Steve Lillywhite）於二十五歲時製作的專輯。負責錄音工程的休‧帕占後來也擔任警察樂團、菲爾‧柯林斯的錄音師。以SSL對講用麥克風錄製的鼓組音色，對後來的錄音帶來相當大的影響。專輯第一曲鼓組的環境收音便帶來石破天驚的效果。人聲的處理更充滿了雙音軌疊錄，或是效果隨每段樂句變換等各種巧思。筆者認為錄音師巧妙掌握了彼得‧蓋布瑞爾的歌唱特色。對筆者而言，是一張特別的專輯。

《Heavy Weather》
Weather Report

貝斯天才傑可‧帕斯托芮斯（Jaco Pastorius）參與的專輯，在這張專輯裡他不僅演奏貝斯，也擔任助理製作人。本專輯從頭到尾所有樂器的音色都相當清楚且有力道。鍵盤手喬‧札維努（Joe Zawinul）的合成器音色、配置與效果都值得一聽，尤其音高愈高，濾波範圍就更窄的音色更是經典。第三曲〈Teen Town〉中，隨著小鼓出現的殘響，即使現在聽了都覺得效果驚人。是一張值得所有曲風參考的專輯。

《The Joshua Tree》
U2

由布萊恩‧伊諾與丹尼爾‧拉諾瓦共同製作。〈With or Without You〉由利利懷特擔任混音。錄音助理Flood後來也負責《Zooropa》的專輯製作。錄音由優異的原音樂器挑起大樑，背後再加上各種特殊音效與音響效果，是藝人與製作人腦力激盪的心血結晶。第二曲由低音大鼓與貝斯重疊產生的低頻段，足以成為不同錄音情境的參考。第三曲背景流瀉以E-bow演奏的電吉他，與不斷反覆的吉他樂句，在主唱背後形成一種絕妙的平衡。

《All That You Can't Leave Behind》
U2

繼《The Joshua Tree》後，伊諾與拉諾瓦再次搭檔製作的專輯，由本專輯可以看出一支樂團的成長。雖然每一首曲目都由不同錄音師操刀，卻能透過製作人的絕佳功力，帶來平均的音色。第五曲的人聲處理，決定了整首曲子的意象，是相當高超的處理方式。第十曲鼓組音色導入時的動態範圍，常令我興奮不已。希望各位可以拿來參考，更建議搭配同一時期的現場演唱DVD一起看。

《Live At Sweet Basil》
Gil Evans & The Monday Night Orchestra

在紐約的現場展演場館以TASCAM 十六軌錄音座MS-16 錄製的作品，母帶生產預備工程師是當時在KING 唱片擔任錄音工程師的高浪初郎先生。曾在大阪的錄音室裡用過同樣錄音座的筆者，就是因為這張專輯的錄音品質之高，而受到極大衝擊。高浪先生負責混音的另一張專輯《Bud And Bird》，則拿下第三十一屆葛萊美獎。據說他在進行現場錄音的混音時，第一次播放音源，是為了確認所有必需的要素；第二次播放音源，在控制平衡的同時就直接刻進母帶。

《Transformer》
Lou Reed

由大衛‧鮑伊（David Bowie）與米克‧朗森（Mick Ronson）共同製作，肯‧史考特（Ken Scott）錄音。這是一張路‧李德與兩個製作人之間的腦力激盪，透過錄音師巧手具象化的作品。第三曲〈Perfect Day〉的鋼琴，以及整張專輯的動態範圍都值得一聽。剛進入副歌時的高昂感，卻在整體取得平衡後產生。建議一邊聆聽多軌盤帶一邊觀看解說 DVD《Classic Albums: Lou Reed -Transformer-》。

《Magic Hour》
河村隆一

二〇一五年發行的 Luna Sea 主唱河村隆一的個人專輯，整張專輯的曲目都以原音樂器演奏組成，筆者負責了錄混音工程。現在想起來都還覺得是愉快的專案，其實還是要歸功於藝人有明確的概念與清楚的完成藍圖。本CD完全在河村先生的私人錄音室錄製，內頁則完整記載了所有樂器的訊號通路，請務必邊看內頁邊聽。

《Ghost In The Machine》
The Police

休‧帕占第一次掛名製作的專輯。樂團的下一張也是最後一張專輯《Synchronicity》也由他製作。如果把上一張專輯以來的變化算進來，讀者可由本專輯看出樂團的整合性與點子的完成度如何進步。本書解說的低音大鼓音色，可以從本專輯中聽出來。在整張專輯中挑大樑的貝斯大鼓一同帶來的低音質感，吉他與合成器的配置與貝斯的驅動感，所有的音色都為專輯帶來貢獻，是錄音工程追求的目標。

《Northern Lights Southern Cross》
The Band

專輯自行混音的極少數樂團之一。這張專輯也是自行製作的作品，演奏的精巧與發燒音質，盡現其中。這張專輯同時也是樂團自己混出合奏一體感的最好範例，三人歌聲先後安插進歌裡，營造出一個世界。所有曲目都充滿了錄音師想仿效的音色，尤其第三曲中的銅管編制，又在主唱、吉他、電風琴的合奏之間達到絕佳平衡。對筆者而言，是銅管合奏音色的唯一參考。

APPENDIX
迷你專門用語集

AD ／ DA 轉換器（AD/DA converter）
將類比訊號轉換成數位訊號的線路稱為
AD 轉換器，將數位訊號轉換成類比訊號
的稱為 DA 轉換器。只要是配備類比輸出
入端子的數位器材一定會裝設的元件，元
件的性能大大影響輸出的音質。

I ／ O（Input/Output） 輸入與輸出端子，
或輸出入裝置本身。

RCA 接頭／梅花頭（RCA Plug/Pin Jack）
家用視聽設備通常配備 RCA 端子，紅
色為 R，白色為 L，線路傳送非平衡訊號。

S ／ N 比；訊噪比（Signal to noise Ratio）
訊號（signal）音量與噪音（noise）音量
的比例，單位為 dB，一般追求高訊噪比。

SMPTE 一種時間碼的標準規格，由美國
電影及電視工程師協會（Society of Motion
Picture and Television Engineering）提倡。

SPL（Sound Press Level） 音壓的單位。
一台機器的最大輸入音量耐受單位為「最
大 SPL」。

XLR 平衡音源線使用的端子。錄音現場
通常使用三針式接頭，並以最早推出本規
格的美國公司名「CANNON」稱之。

吸震器（Insulator） 喇叭等器材的防震
器具，可以避免喇叭本體的振動傳遞到腳
架等擺放平面，防止喇叭的播放特性產生
變化。材質包括橡膠、木材、金屬等。

波形（Waveform） 依照時間軸將聲音
振動的幅度視覺化產生的圖形。在 DAW
上可以靠波型圖確認聲音，讓確定聲音的
消失與出現時間更加簡單。此外，在對拍
與檢查雜音的時候也很方便。

直接連接盒（Direct Injection Box） 又
稱 DI，是將類似電貝斯類高阻抗樂器的音
訊轉為低阻抗的器材。有時候也會用來將
非平衡訊號轉換成平衡訊號。

阻抗（Impedence） 在音響器材或樂器
之中，音訊等交流訊號傳導時產生的阻礙
作用，又稱交流阻抗。如果兩種器材，或
是樂器與器材間的阻抗不同，就必須進行
阻抗匹配（impedence matching）。

建模（Modeling） 以軟體解析類比器材
的音響特性，並以數位模擬出一樣的音
色。

活（Live） 殘響偏多的狀態，「乾」的
反義語。

重新讀取（Recall） 叫出主控台或器材
上一次的操作狀態。在同時進行多首曲
子，或是重新混音的時候都非常實用。在
DAW 上只要重開一個錄音專案，就可以
完整恢復上次的設定。

音軌合併輸出（Bounce） 在 DAW 上指
的是合併指定區段範圍內的音訊，並輸出
成音檔。可用於產生兩音軌混音，或是輸

出套用效果後的音訊等場合。通常 DAW 上有「Bounce to Disk」等指令。

音像（Sound Image） 音源在立體（或環繞）音場中的位置與大小。

倍頻（Harmonic） 又稱諧振。正弦波以外的所有聲音，都由基礎音頻與倍頻組成。基礎音頻決定音高，倍頻決定音色。在混音的時候，可以透過倍頻的調整，操控整首曲子的風格。

唇齒音（Sibilance） 舌尖抵住牙齒發出的子音，例如 s、ts、z、th 等。

旁通（Bypass） 讓使用中的效果器暫停運作。錄音時為了縮短訊號的傳遞距離，在不使用主控台的時候，也會把音訊「繞過主控台」。

衰減器（Attenuator） 用於減少訊號的電平。

訊號同步（Synchronization） 簡稱 sync。基本上指兩台以上的機器共用節奏或位置資料。一台 MTR 音軌數不夠，就會同步另一台；要同時演奏多台 MIDI 音源的時候，則會同步 MTR 與編曲機。同步用的訊號，也分 MIDI 或 SMPTE 等規格。

訊號延遲（Latency） 在 AD 或 DA 變換過程中產生的時間差。尤其 DAW 存在著軟體或聲音驅動程式的問題，產生的訊號延遲，甚至會妨礙演奏進行。

高頻段（Hi End） 頻段中的最高部分，通常指 10kHz 以上的頻率。

乾（Dead） 殘響偏少的狀態。例：這間小隔間的聲音很乾。「活」的反義語。

動態範圍（Dynamic Range） 最小音量與最大音量間的幅度。動態範圍廣的演奏，最大音量與最小音量間的差距也大，意味著帶有抑揚頓挫。

接地（Earth） 又稱 GND（Ground 的縮寫）。一般將系統的電位基準設定為與大地相同的 0V，都會稱為「接地線」。專業的錄音室都會妥善做好接地，所以能保持與大地同樣的 0V 電位，但自宅錄音室通常沒有妥善接地，才會產生雜訊。

節拍指示音（Click） 取代節拍器音色的音訊，提供樂手節拍的導引。

過載（Overload） 一台機器的輸入電流或訊號超過一定程度時產生的過度負荷。

飽和度（Saturation） 主要指類比線路特有的過載失真。

監聽混音器（Monitor Distributor; Cue Box） 具有四至八頻道的混音器與耳機擴大機功能的機器。在小隔間裡演奏的樂手，可以直接調整監聽音訊中各聲部的音量。通常送往監聽混音器的音訊，由主控台的兩音軌混音額外加上單獨樂器音軌而成。

樂器用導線（Phone Jack） 主要用於樂器輸出入的單聲道導線，又稱「吉他插頭」或「Jack 頭」。通常是單環兩極（2P）的非平衡訊號規格，如果是雙環三極（3P）的 TRS，則可以傳遞平衡訊號。

線性（Linear） 時間序列上的直線變化。

頻率響應（Frequency Response） 器材或線路對不同頻率的反應表現。

APPENDIX
中日英文對照表

中文	日文	英文
VU計（電表）	VUメーター	VU meter
一劃		
一比一	パーフェクト・ピッチング	perfect pitching
二劃		
二進位次元	バイナリー・ビット	binary bit
三劃		
小間	小ブース	
四劃		
內建效果器	オンボード	On-board
分頻點	周波数ポイント	
分離式主控台	スプリット・コンソール	split console
反響室	エコー・チェンバー	echo chamber
引導用空白帶	リーダー・テープ	leader tape
片段增益	クリップゲイン	clip gain
五劃		
主控台	コンソール	sonsole
主控錄音座	マスター・レコーダー	master recorder
外接效果器	アウトボード	outboard
母盤直刻	ダイレクト・カッティング	direct cutting
立體聲	ステレオフォニック	stereophonic
六劃		
交互淡出入	クロスフェード	crossfade
仿真電源	ファンタム・パワー	phantom power
全分離式	オール・ディスクリート	all-discrete
共鳴	レゾナンス	resonance
合音器	ハーモナイザー	harmonizer
多軌錄音座	マルチトラック・レコーダー	multitrack recorder（MTR）
多軌疊錄	オーバー・ダビング	overdubbing
多重變速	バリ・ピッチ	Vari-pitch
多點收音	マルチマイク	multi-mic

七劃		
曲柄型等化響應	シェルビング・タイプ	shelving type
串音	クロストーク	Crosstalk
低通式濾波器（高頻阻斷）	ローカット＝ハイパスフィルター	low-cut（hi-pass） filter
作業區隔	インターバル	interval
防潮櫃	デシケーター	deccicator
八劃		
刻片工程師	カッティング・エンジニア	cutting engineer
取樣式殘響	サンプリング・リバーブ	sampling reverb
和聲	コーラス	chorus
延遲音	ディレイ	delay
拆整品（由舊品零件組裝成堪用品）	ノックダウン	knockdown
直列式主控台	インライン・コンソール	inline console
直接連接盒	ダイレクト・ボックス	direct box（DI）
近場監聽喇叭	ニアフィールド・モニター	near-field monitors
近距離收音	オン・マイク	On-mic
近鄰效應	近接効果	
金屬板式殘響	プレート・リバーブ	plate reverb
阻斷	カット	cut
非線性	ノンリニア	non-linear
九劃		
保存工作拷貝	セッションのコピー保存	Save Session Copy
前期製作	プリプロダクション	pre-production
相位互抵（減頻）	ディップ	dip
背景音衰減	ダッキング	ducking
音軌合併	ピンポン	ping-pong
音高和聲	ピッチ・コーラス	pitch chorus
音高調變	ピッチ・チェンジ	pitch change
音量定位	パンポット	pan pot
音量修整	ボリューム・トリム	volume trim
音壓等化器		acoustic pressure equalizer
十劃		
原生型	ネイティブ	native
峰值	ピーク	peak
峰值計	ピーク・メーター	peak meter
振膜	ダイヤフラム	diaphragm
旁通	バイパス	bypass
浮動地板結構	浮き床構造	

衰減開關	パッド	pad
訊號轉印（鬼影）	転写	ghost
陡坡特性	肩特性	
高阻抗	ハイインピーダンス	high impedance（Hi-Z）

十一劃

偏壓	バイアス	bias
剪貼	フライ・イン	fly-in
動圈式麥克風	ムービング・コイル	moving coil
動態型麥克風	ダイナミック・マイク	dynamic microphone
區段	セクション	section
參考片	レファレンス・ディスク	reference disc
專案錄音室	プロジェクト・スタジオ	project studio
推桿	フェーダー	fader
推進	ブースト	boost
粗混	ラフ・ミックス	rough mix
軟（硬）曲態	ソフト（ハード）・ニー	soft（hard）knee
單面筒鼓	メロタム	melo tom

十二劃

單音軌／單聲道	モノラル	monaural
場效性電晶體		FET（Field-Effective Transistor）
插入點	インサート・ポイント	insert point
插件效果	プラグイン・エフェクト	Plug-in effect
散度	ダイバージェンス	divergence
渡假型錄音室	リゾート・スタジオ	resort studio
無段調整開關		dimmer
量化（音符整位）	クオンタイズ	quantize

十三劃

匯流排	バス	bus
極大化效果器	マキシマイザー	maximizer
節拍提示音	クリック	click
節奏取樣迴圈	ドラム・ループ	drum loops
置頂麥克風	トップ・マイク	top mic
群組匯流排	グループ・バス	group bus
過載	オーバーロード	overload
飽和度	サチュレーション	Saturation

十四劃

演奏錄音	セッション	session
監聽混音器	キュー・ボックス	cue box
磁帶回音	テープ・エコー	tape echo

輔助線路、效果輸出、監聽輸出、提示輸出		AUX
遠距離收音	オフマイク	off-mic
齊奏性修正	アインザッツ修正	einsatz correction

十五劃

嘴唇雜音	リップ・ノイズ	lip noise
嘶聲	ヒスノイズ	hiss
噴麥	吹かれ	popping
彈簧式殘響	スプリング・リバーブ	spring reverb
播放清單	プレイリスト	playlist
數位音訊工作站		digital Audio Workstation（DAW）
數位聲音處理器		Digital Sound Processor（DSP）
樂器用導線	フォーン・ジャック	phone jack
標記點	マーカー	marker
模組	モジュール	module
編曲視窗	アレンジ・ウィンドウ	arrange window
遮蓋效果（雜音）	かぶり	

十六劃

獨奏／靜音	ソロ／ミュート	solo／mute
錄音次數	テイク	take
錄音棚	ブース	booth
隨機選取	ランダム・アクセス	random access
頻段	バンド	band
頻率遮蔽	マスキング	masking
頻道參數條	チャンネル・ストリップ	channel strip

十七劃

環境音麥克風	アンビエンス	Ambience（noise）

十八劃

濾波器	フィルター	filter

二十劃以上

鐘型響應	ベル・タイプ	bell type
響弦（指小鼓）	スナッピー	snappy
疊錄	ダビング	dubbing
鑑賞喇叭	リスニング・スピーカー	listening speakers
變壓器	トランスフォーマー	transformer

後記

到現在為止，我總是在接受訪問的時候才提到錄音工作，但直到有機會成書，才發現我想說的話多到超乎想像。但是我把這些話提煉到最精華，打算只提最基本也最重要的內容。

如果各位讀者看過本書，問出了「那麼，遇到這種情況要怎麼處理？」之類的問題，那麼我認為這本書的目的已經達成。因為理解基礎之後，會在具體的場面中發現更多問題。錄音實務中不可能出現兩件完全一模一樣的成品，接下來就要仰仗各位讀者的技術與感性，去因應各式各樣的場面了。也期待日後有機會聆聽到各位讀者們融入感性的作品。

在此要向本書付梓盡心盡力的 Rittor Music（原書日本出版社）、內山秀央先生、《Sound & Recording》雜誌總編輯國崎晉先生致上個人最高謝意。也要感謝平時就對我諄諄教誨，並且鼓勵我勇敢在書中奉獻所學的高浪初郎先生。最後，要感謝於公於私都是好伙伴的山口美和子。

二〇〇四年十月
杉山勇司

附記

本書執筆時，參照了高浪初郎著《混音入門》
（ミキシング入門，立風書房）、《影像音響設備手冊》
（音響映像設備マニュアル，Rittor Music）許多內容，推薦可一併閱讀。

增訂版後記

自從二〇〇四年本書第一版發行，已經過了八年的光陰。

一些讀過本書有志於成為錄音工程師的朋友，如今已經可以在錄音室與筆者一起工作；第一次挑戰錄音工作的編曲者，也購讀本書做為參考，所以對筆者而言，這本《圖解錄音混音全書》的發行，是一種特別的經驗。在此要再次感謝 Rittor Music 出版社與編輯能提供這次的出版機會。

本次推出的增訂版，因應各界讀者的需求，補足了許多第一版未提到的內容以及具體範例。對筆者自己而言，也是一個重新審視錄音作業的大好機會。如果能讓各位讀者對錄音工程得到進一步的理解，則是筆者的榮幸。

就在這八年之間，DAW 在錄音界的普及速度超乎想像，也改變了音樂製作與錄音作業的流程。有不少年輕人提到，第一次接觸到的主控台都是電腦螢幕裡的模擬畫面。以軟體為中心，「便利」的音樂製作已經稱得上是現在的主流。

但是伴隨著錄音器材的軟體化帶來的作業簡化，真的能為音樂本身帶來貢獻嗎？

筆者認為，音樂製作時間的縮短，也就是省略部分作業程序，並不會為音樂帶來貢獻。因為就音樂來說作業程序才是內涵。世界上勢必有一種音樂，如果沒有時間的堆積，不僅無法成立也無法判斷好壞。

時至今日，不斷往軟體化方向一面倒的錄音器材界，我也開始感受到重新評價硬體的傾向。不論是硬體還是軟體，都是錄音工程師可以發揮並延伸所長的媒介，對此筆者也深有同感。

不論是硬體還是軟體，今後勢必還會不斷推出新的錄音相關器材。不受當下流行趨勢左右的堅定力量，到頭來還是基礎實力，也就是你的知識。只有知識才能養成你的音樂感性。

音樂相關從業人員，扮演著留下音樂並流傳後世的角色。對錄音工程師而言的唯一使命，就是以錄音技術記錄這些音樂。筆者也希望從師父與前輩們身上學習的技術和知識，可以進一步深化。同時也希望各位讀者，能負擔起將各種技術傳遞給下一代的重責大任。

二〇一二年十二月　杉山勇司

國家圖書館出版品預行編目資料

圖解錄音混音全書／杉山勇司 著；黃大旺 譯.--初版.--
　臺北市：易博士文化，城邦文化出版：
　家庭傳媒城邦分公司發行, 2020.04
　　　面；　公分
　譯自：レコーディング／ミキシングの全知識
　ISBN 978-986-480-113-8 (平裝)
　1. 音樂音響學　2. 數位影音處理
471.9　　　　　　　　　　　　109003125

DA4004
圖解錄音混音全書

原 書 書 名／レコーディング／ミキシングの全知識
原 出 版 社／株式會社リットーミュージック
作　　　者／杉山勇司
譯　　　者／黃大旺
選 書 人／黃婉玉
責 任 編 輯／黃婉玉

業 務 經 理／羅越華
總 編 輯／蕭麗媛
視 覺 總 監／陳栩椿
發 行 人／何飛鵬
出　　　版／易博士文化
　　　　　　城邦事業股份有限公司
　　　　　　台北市中山區民生東路二段 141 號 8 樓
　　　　　　電話：(02) 2500-7008 傳真：(02) 2502-7676
　　　　　　E-mail：ct_easybooks@hmg.com.tw
發　　　行／英屬蓋曼群島商家庭傳媒股份有限公司城邦分公司
　　　　　　台北市中山區民生東路二段 141 號 2 樓
　　　　　　書虫客服服務專線：(02)2500-7718．(02)2500-7719
　　　　　　服務時間：週一至週五 09:30-12:00．13:30-17:00
　　　　　　24 小時傳真服務：(02)2500-1990．(02)2500-1991
　　　　　　讀者服務信箱信箱：service@readingclub.com.tw
　　　　　　劃撥帳號：19863813
　　　　　　戶名：書虫股份有限公司
香 港 發 行 所／城邦（香港）出版集團有限公司
　　　　　　香港灣仔駱克道 193 號東超商業中心 1 樓
　　　　　　電話：(852) 2508-6231　　傳真：(852) 2578-9337
　　　　　　E-mail：hkcite@biznetvigator.com
馬 新 發 行 所／城邦（馬新）出版集團【Cité (M) Sdn. Bhd.】
　　　　　　41, Jalan Radin Anum, Bandar Baru Sri Petaling,
　　　　　　57000 Kuala Lumpur, Malaysia
　　　　　　電話：(603)9057-8822　　傳真：(603) 9057-6622
　　　　　　Email：cite@cite.com.my
美 術 編 輯／新鑫電腦排版工作室
封 面 構 成／簡至成
製 版 印 刷／卡樂彩色製版印刷有限公司

RECORDING/MIXING NO ZENCHISHIKI
Copyright © 2013 YUJI SUGIYAMA
Originally published in Japan by Rittor Music, Inc.
Traditional Chinese translation rights arranged with Rittor Music, Inc. through AMANN CO., LTD.

2020年04月07日 初版1刷
2021年11月24日 初版2.2刷
ISBN 978-986-480-113-8

城邦讀書花園
www.cite.com.tw

定價 1200　HK $ 400